U0313875

河北省重点学科技术经济及管理
河北省人力资源社会保障科研合作课题 (JRSHZ – 2015 – 01032) 资助出版
河北省社会科学发展研究青年课题 (2015041229)
河北省科技计划自筹经费项目 (154576295)

神经网络优化算法在技术经济领域中的应用

张永礼　董志良　安海岗　著

北　京
冶　金　工　业　出　版　社
2015

内 容 提 要

本书将神经网络优化算法应用于技术经济领域问题，研究了智能算法优化后的神经网络模型在工业技术经济、农业技术经济和其他技术经济中的应用，同时介绍了遗传算法、粒子群算法、思维进化算法、灰色理论等神经网络优化理论及其应用。

本书重点介绍了优化的神经网络算法在技术经济领域的典型应用，全书共15章，各章以理论和实证相结合的方式，从不同的技术视角研究了工业技术创新影响因素、工业技术创新能力、农业现代化、农民收入、农村剩余劳动力转移等问题。

本书可作为高等院校技术经济、管理科学与工程、工商管理等学科本科生、研究生和相关研究人员参考。

图书在版编目(CIP)数据

神经网络优化算法在技术经济领域中的应用/张永礼，董志良，安海岗著.—北京：冶金工业出版社，2015.11

ISBN 978-7-5024-7162-0

Ⅰ.①神… Ⅱ.①张… ②董… ③安… Ⅲ.①人工神经网络—最优化算法—应用—技术经济 Ⅳ.①TP183 ②F062.4

中国版本图书馆 CIP 数据核字(2015)第 281411 号

出 版 人 谭学余
地　　址 北京市东城区嵩祝院北巷 39 号 邮编 100009 电话 (010)64027926
网　　址 www.cnmip.com.cn 电子信箱 yjcbs@cnmip.com.cn
责任编辑 曾 媛 李维科 美术编辑 彭子赫 版式设计 孙跃红
责任校对 李 娜 责任印制 牛晓波
ISBN 978-7-5024-7162-0
冶金工业出版社出版发行；各地新华书店经销；固安华明印业有限公司印刷
2015 年 11 月第 1 版，2015 年 11 月第 1 次印刷
169mm×239mm；13.5 印张；260 千字；201 页
45.00 元
冶金工业出版社　投稿电话 (010)64027932 投稿信箱 tougao@cnmip.com.cn
冶金工业出版社营销中心　电话 (010)64044283 传真 (010)64027893
冶金书店　地址 北京市东四西大街 46 号(100010) 电话 (010)65289081(兼传真)
冶金工业出版社天猫旗舰店 yjgycbs.tmall.com
(本书如有印装质量问题，本社营销中心负责退换)

前　　言

人工神经网络（ANN）是一种通过模拟大脑神经网络处理、记忆信息而建立起来的智能算法。神经网络根据预先提供的一批相互对应的输入和输出数据，通过调整内部大量神经元节点之间相互连接的关系，分析掌握两者之间潜在的规律，最终根据这些规律，用新的输入数据来推算输出结果。它采用了与传统人工智能和信息处理技术完全不同的机理，克服了传统的基于逻辑符号的人工智能在处理直觉、非结构化信息方面的缺陷，具有自我组织，自我学习，能够拟合任意复杂的非线性关系，并行计算，有较强的鲁棒性和容错性等优点。

传统的技术经济研究方法多是建立在线性关系基础上的计量经济模型，很难真实描述真实世界的复杂的非线性关系和涵盖众多不确定性因素。神经网络模型可表示任意非线性关系，具有很强的映射能力和泛化能力等，但一般的神经网络模型使用负梯度下降算法进行模型训练，具有不能搜寻到全局最优解，容易陷入局部极值的缺陷，因此，近年来出现了众多智能算法优化的神经网络模型，常见的智能优化算法有：遗传算法（GA）、粒子群算法（PSO）、蚁群算法（ACA）、思维进化算法（MEA）、鱼群算法（FSA）等。

本书重点介绍了优化的神经网络算法在技术经济领域的典型应用，全书分工业技术经济、农业技术经济、其他技术经济三篇，共15章，各章以理论和实证相结合的方式，从不同的技术视角研究了工业技术创新影响因素、工业技术创新能力、农业现代化、农民收入、农村剩余劳动力转移等问题。

本书在撰写过程中得到了石家庄经济学院电子商务教研室和河北省重点学科技术经济及管理的大力帮助和支持，同时得到了河北省人力资源社会保障科研合作课题"河北省农村剩余劳动力转移就业影响因素实证研究"(JRSHZ–2015–01032)、河北省社会科学发展研究青年课题"河北省农业机械化影响因素及发展路径研究"(2015041229)和2015年河北省科技计划自筹经费项目"基于遗传算法的河北省农村剩余劳动力转移影响因素研究"(154576295)等项目的资助,特此表示感谢!

　　由于作者理论修养和自身能力的局限性,本书难免存在种种不足和缺陷,欢迎各位读者批评指正!

张永礼

2015 年 10 月

目　　录

第 1 篇　工业技术经济篇

第 2 篇　农业技术经济篇

第 3 篇 其他技术经济篇

1 绪 论

1.1 引言

传统的技术经济研究方法多是建立在线性关系基础上的计量经济模型，很难真实描述真实世界的复杂的非线性关系和涵盖众多不确定性因素。人工神经网络（ANN）是一种通过模拟大脑神经网络处理、记忆信息而建立起来的智能算法，可表示任意非线性关系，具有以下优点：（1）信息分布贮存在神经元中，神经网络具有很强的鲁棒性和容错性；（2）神经元具有并行处理结构，计算速度快；（3）神经元连接强度随学习过程不断调整改变，能够自我组织，自我学习和自我适应，能够处理"黑箱"问题；（4）能够拟合任意复杂的非线性关系；（5）能够同时处理定量和定性数据，具有较强的信息综合能力[1]。自20世纪80年代末期以来，神经网络模型在经济学和管理学等方面的应用也逐渐展开，在经济景气分析、经济时间序列预测、组合证券优化、股票预测等经济领域，吸引了不少专家对其进行研究，得到了常规经济学方法所不能得到的效果。尤其是BP网络更是广泛地用来解决识别和预测等问题[2]。

传统神经网络模型使用负梯度下降算法进行模型训练，具有不能搜寻到全局最优解、容易陷入局部极值的缺陷[3]，因此，近年来出现了众多智能算法优化的神经网络模型，如遗传算法优化的神经网络模型、粒子群算法优化的神经网络模型、鱼群算法优化的神经网络模型、免疫优化算法优化的神经网络算法、思维进化算法优化的神经网络模型、蚁群算法优化的神经网络模型[4~6]。

1.2 神经网络研究综述

1.2.1 神经网络发展历程

人工神经网络从20世纪40年代初开始研究，至今经历了兴起、高潮、低谷及稳步发展的历程，在众多科学家艰苦不懈的研究探索中，终于取得了较大的进步。1943年，心理学家W. S. Mcculloch和数理逻辑学家W. Pitts提出了M-P模型，M-P模型的提出具有开创意义，为以后的研究工作提供重要依据；1949年，心理学家D. O. Hebb提出突触联系可变的假设，由这一假设得出的学习规则——Hebb学习规则，为神经网络的学习算法奠定了基础；1957年，计算机科学家 Rosenblatt 提出了著名的感知机（Perception）模型，是第一个完整的人工神经网络，并且第一次把神经网络研究付诸工程实现，从而奠定了从系统的角度研究人工神经网络的基础；1960 年 B. Windrow 和 M. E. Hoff 提出了自适应线性单元网络，可用于自适应滤波、预测和模型识别；1982 年和 1984 年美国加州理工学院生物物理学家 J. J. Hopfield 发表的两篇文章，提出了新的神经网络模型——Hopfield 网络模型和实现该网络模型的电子电路，为神经网络的工程实现指明了方向，有力地推动了神经网络的研究，引起了神经网络研究的又一次热潮；1984年，Hinton 等人将模拟退火算法引入神经网络中，提出了 Boltzmann 机网络模型；1986 年，D. E. Rumelhart 和 J. L. Mcclelland 提出了误差反向传播算法，成为至今影响很大的一种网络学习方法；20 世纪 90 年代初，诺贝尔奖获得者 Edelman 提出了 Darwinism 模型，建立了神经网络系统理论；几乎同时，Aihara 等人给出了一个混沌神经元模型，该模型已成为一种经典的混沌神经网络模型；1995 年，Mitra 把人工神经网络与模糊逻辑理论、生物细胞学说以及概率论相结合，提出了模糊神经网络，使得神经网络的研究取得了突破性进展。

　　现在，神经网络的应用研究取得了很大的成绩，涉及的领域非常广泛。在应用的技术领域方面，主要有计算机视觉、语言识别、模式识别、神经计算机的研制、专家系统与人工智能。其涉及的学科有神经生理学、信息科学、计算机科学、微电子学、光学、生物电子学等[7,8]。

1.2.2　神经网络原理

　　神经元是神经网络最基本的构成单元，神经元之间连接方式的不同，可得到不同的神经网络。神经网络内部权值系数决定神经元之间的连接强度，权值系数可以刺激或抑制信号传递，且随着神经网络的训练进行改变，因此，人工神经网络具有高度的灵活性。

　　神经网络预测过程可分为训练期和预测期两个阶段，训练期阶段计算单元状态不变，神经元之间的权值系数通过学习不断修改，预测期阶段连接权值系数固定，计算单元状态变化，计算输出神经元预测值。当神经网络结构确定后，若在不改变转换函数的前提下修改输出值，只能改变神经网络输入，而改变神经网络输入的唯一办法是修改神经元权值系数，因此，神经网络的学习过程就是修改神经元权值系数的过程，以达到使输出值接近或达到期望值的目的。

　　一般情况下，权值系数的调整是按某种预定的学习算法来进行度量调整的，常见的度量学习算法有：反向传播（back propagation，BP）算法、Hofield 反馈神经网络算法、Windrow – Hoff 算法、Hebb 算法、竞争（competitive）算法、自组织神经网络学习算法等。度量学习算法是神经网络的主要特征，也是神经网络研究的主要课题[8]。

1.2.3　神经网络应用领域

人工神经网络研究与应用近二十几年来取得了丰硕的成果。理论研究方面，在映射逼近任意非线性连续函数能力、并行计算、学习算法理论及动态网络的稳定性分析等方面都取得了重大进步，同时在应用方面，神经网络的应用已经扩展到许多重要领域，其中包括：

（1）模式识别与图像处理，包括模式识别方面，如手写识别、人脸识别、指纹识别、签字识别、语音识别等；图像处理方面，如脑电图与心电图分类、DNA 与 RNA 识别、图像复原与图像压缩等。

（2）控制与优化，如在化工过程控制领域，神经网络可应用于半导体生产控制、机械手运动控制、食品工业的优化控制、超大规模集成电路布线设计等。

（3）预测与管理，如有价证券管理、股票市场预测、财务分析、借贷风险分析、机票管理、信用卡管理等。

（4）通信，如呼叫接纳识别与控制、路由选择、自适应均衡、回波抵消等。

（5）其他应用，如运载体轨迹控制、光学望远镜聚焦、导航、电机故障检测和多媒体技术等。

1.2.4　神经网络研究方向

针对人工神经网络的现状、存在的问题和社会的需求，神经网络今后的发展方向主要集中在理论研究和应用研究两个方面。

在理论研究方向方面，利用认识科学与生理机制的最新研究成果，将大脑思维及智能机理的突破性成果应用于人工神经网络上，改进和发展神经网络理论。

人工神经网络提供了一种揭示智能和了解人脑工作方式的合理途径，人类对自身脑结构及其脑结构的活动机理的认识十分肤浅，对神经系统的了解也非常有限，且带着某种程度的"先验"。因此，通过模仿人脑的行为建立的人工神经网络算法也不会很完善和成熟，人工神经网络的发展与进步需要以神经科学的进步为前提，而神经科学、认识科学和心理学等领域面临和提出的问题，也是向神经网络理论研究提出的新挑战，这些问题的解决有助于完善和发展神经网络理论，也将改变人类对于智能和人与机器关系的认识。

近年来，人工神经网络正向模拟人类认知的更高层次发展。例如，与遗传算法、粒子群算法、鱼群算法、蚁群算法等群体智能算法结合，形成人工智能，成为神经网络发展的重要方向，在实际应用中得到了更好的发展。利用神经科学基础理论的研究成果，用数理方法探索智能水平更高的人工神经网络模型，开发新的网络数理理论，也是神经网络研究的重要领域，如关于收敛性、稳定性、计算复杂性、容错性、鲁棒性、神经元计算、学习规则等方面的改进算法。人工神经网络可以拟合任意非线性关系，因此，非线性问题的研究是也神经网络理论发展的一个重要方面。近年来，人们发现人脑中存在着混沌现象，从生理本质角度出发，用混沌动力学启发神经网络的研究或用神经网络产生混沌成为神经网络研究的一个新的重要课题。

在神经网络软件模拟、硬件实现的研究以及神经网络在各个科学技术领域应用方面，人工神经网络可以使用传统计算机模拟，也可以使用集成电路芯片组成神经计算机，甚至还可以用光学的、生物芯片的方式实现，因此研制纯软件模拟、虚拟模拟和全硬件实现的电子神经网络计算机潜力巨大。如何使神经网络计算机、传统计算机和人工智能技术相结合也是神经网络研究的前沿课题。同时，如何使神经网络计算机的功能向智能化发展，研制与人脑功能相似的智能计算机，如光学神经计算机、分子神经计算机，具有十分诱人的前景[7]。

1.3 本书主要内容

本书将神经网络优化算法应用于技术经济领域问题，研究了智能算法优化后的神经网络模型在工业技术经济、农业技术经济和其他技术经济中的应用，同时介绍了遗传算法、粒子群算法、思维进化算法、灰色理论等神经网络优化理论及其应用。各章具体内容如下：

(1) 绪论。主要介绍了本书的研究背景、相关理论知识和主要研究内容。

(2) 基于 MIV 和 PSO – BP 模型的工业技术创新环境影响因素分析。利用 2008 ~ 2013 年全国 31 个省（市、自治区）面板数据，建立 PSO – BP 神经网络模型，计算变量 MIV 值，对我国工业技术创新影响因素进行了实证分析。最后，在工业技术创新影响因素实证分析的基础上，提出了推动我国工业技术创新的对策与建议。

(3) GA – BP 神经网络模型在地区工业技术创新能力评价中的应用。针对当前技术创新能力评价方法大多建立在线性模型的基础上，且技术创新能力的影响因素较多，可能存在多重共线性的缺陷，提出了遗传算法优化的 BP 神经网络模型。GA – BP 神经网络模型在以下几方面做出了改进：利用了神经网络强大的非线性关系映射能力，避免了传统线性模型的缺陷；利用遗传算法对评价指标进行了降维，去除了多重共线性；使用遗传算法从全局搜寻 BP 神经网络权值和阈值向量，优化了 BP 神经网络模型，避免了 BP 神经网络由于使用梯度下降算法，容易陷入局部最优解的缺陷。最后选取 2008 ~ 2013 年全国 31 个省市规模以上工业企业技术创新能力 124 条数据作为训练样本，31 条数据作为测试样本，分别测试遗传算法优化的 BP 神经网络和未优化的 BP 神经网络，测试结果显示遗传算法优化的 BP 神经网络模型预测准确率高于未优化的 BP 神经网络模型。

(4) 广义回归神经网络在工业技术创新水平预测中的应用。当前技术创新研究方法主要是衡量投入产出效率的随机前沿法（SFA）和数据包络法（DEA），而工业技术创新水平的预测方法较少，且多数假设模型符合一定生产函数，因变量与自变量为线性关系，难以描述企业创新水平和影响因素之间复杂的非线性关系。针对现有研究的空白和不足，提出了预测工业技术创新水平的广义回归神经网络模型，模型在以下几方面做出了改进：利用神经网络强大的非线性关系映射能力，避免了传统线性模型的缺陷；利用广义回归神经网络所需调整参数少、逼近能力强等优势，避免了 BP 神经网络容易陷入局部最优解、收敛速度慢的缺陷；采用交叉验证法，克服了宏观经济类数据样本少，模型学习不足导致预测不稳定的缺陷。最后选取 2009～2013 年全国 31 个省（市）规模以上工业企业技术创新能力 124 条数据作为训练样本，31 条数据作为测试样本，使用广义回归神经网络模型和 BP 神经网络模型进行仿真预测，结果显示广义回归神经网络模型预测准确率高于 BP 神经网络模型。

（5）基于因子分析与聚类分析的工业企业技术创新能力实证分析。以全国 31 个省份规模以上工业企业的技术创新投入能力、技术创新产出能力、技术创新支撑能力构建了技术创新能力评价指标体系，采取因子分析方法和聚类分析方法对全国 8 个经济区域 31 个省份的技术创新能力进行综合评价和分类，并提出了相应的对策建议。

（6）京津冀区域协同发展中河北省工业企业技术创新能力研究。构建了技术创新投入能力、技术创新产出能力、技术创新支撑能力 3 部分 15 项指标组成的工业企业技术创新能力评价指标体系，从京津冀协同发展的角度，使用熵权和灰色关联分析方法对河北省各项技术创新能力指标进行了分析和评价，并提出了相应的对策建议。

（7）基于灰色关联和层次聚类方法的河北省农民收入影响因素及地区差异研究。利用灰色关联理论和层次聚类方法分析了河北省农民收入主要来源、行业与经营形式对农民收入的影响及地区差异，同时，使用层次聚类方法，将河北省农民收入来源行业差异分为 5 类地区，经营形式差异分为 6 类地区。最后，针对河北省农民收入来源存在的问题，提出了增加河北省农民收入的对策与建议。

（8）基于 SOM 神经网络的河北省农村经济结构与经营结构地区差异。使用 SOM 神经网络模型，对河北省 2012 年 11 个地级市的农村经济收入进行了分类，分析了河北省农村经济结构和经营结构的地区差异。

（9）基于 GM - SOM 模型的河北省农民收入结构地区差异研究。使用灰色理论研究了河北省 11 个行业、5 种经营形式对河北省农民收入的影响差异，在此基础上，利用 SOM 神经网络对河北省农民收入来源行业结构和和经营结构进行了聚类，揭示了行业结构和经营结构在河北地区存在的分布特征和类型。

（10）基于信息粒化和 PSO - SVR 模型的棉花价格波动区间和变化趋势预测。

农产品价格的准确预测对农民规避市场风险，提高农业收入和国家农业宏观调控具有重大意义。以国家棉花价格 A 指数的预测为例，提出了一种基于模糊信息粒化和粒子群优化支持向量回归机（PSO - SVR）的农产品价格预测时序回归模型。该模型首先使用模糊信息粒化方法，将原始国家棉花价格 A 指数时间序列数据映射为包含最小值 Low、中值 R、最大值 Up 3 个参数的模糊信息粒，然后使用粒子群优化算法 PSO 寻找支持向量回归机（SVM）模型的最佳参数 c 和 g，最后，再使用优化后的支持向量回归机（SVM）模型预测国棉价格 A 指数未来波动区间和变化趋势。实证结果表明，基于模糊信息粒化和 PSO - SVR 时序回归模型对国棉价格 A 指数的预测准确有效。

（11）基于 MIV 和 GA - BP 模型的农业机械化水平影响因素实证分析。农业机械化是农业现代化的前提和标志。利用 2007～2012 年全国 31 个省（市、自治区）面板数据，建立 GA - BP 神经网络模型，计算变量 MIV 值，对我国农业机械化水平影响因素进行了实证分析。最后，在影响因素实证分析的基础上，提出了推动我国农业机械化发展的对策与建议。

（12）基于遗传算法的河北省农村剩余劳动力转移影响因素研究。系统研究河北省农村剩余劳动力转移影响因素，揭示不同因素的影响大小，才能为河北省制定农村剩余劳动转移政策提供科学依据。遗传算法建立农村剩余劳动力转移模型后，将空间映射解为二进制编码空间，使用选择、交叉、变异操作搜寻最佳自变量影响系数，揭示了不同影响因素对河北省农村剩余劳动力转移的影响大小。

（13）河北省民生质量的熵权 TOPSIS 指数评价。基于国家统计局 2012 年度统计数据，构建河北省民生质量指标体系（包括 7 个一级指标、28 个二级指标），运用熵权 TOPSIS 方法，确定 28 个二级指标的熵值和权重，构建规范化决策矩阵和加权规范矩阵，计算出河北省各项民生指标的综合评价指数和排名，并对河北省的民生质量进行了分析。还使用层次聚类方法，对河北省民生数据进行了归类。最后，提出了河北省改进民生质量的政策建议。

（14）思维进化算法优化灰色神经网络预测模型。灰色神经网络非常适合解决"小样本"、"贫信息"的随机问题，但随机初始化参数将降低模型预测精度。针对传统智能优化算法寻优速度慢，后期收敛性差等缺陷，提出了思维进化算法优化的灰色神经网络模型，模型在以下几方面做出了改进：利用灰色神经网络强大的非线性关系映射能力和"小样本"、"贫信息"处理能力；应用思维进化算法趋同和异化操作搜寻灰色神经网络参数，保证了计算的并行性和搜索区域的全局性；通过订单需求预测问题，将思维进化算法优化的灰色神经网络模型、粒子群算法优化的灰色神经网络模型、遗传算法优化的灰色神经网络模型、未经优化的灰色神经网络模型、BP 神经网络进行了仿真对比测试，测试结果表明，思维进化算法优化的灰色神经网络模型搜索速度更快且预测精度更高。研究提供了优化灰色神经网络模型参数的新方法，开拓了时间序列预测的新思路。

1.4　本书创新之处

本书的创新之处体现在以下三个方面：

（1）系统研究了工业技术经济、农业技术经济和其他技术经济领域典型问题。在工业技术经济领域，研究了工业企业技术创新环境影响因素、技术创新水平预测、技术创新区域分类评价、河北省工业企业技术创新等问题；在农业技术经济领域，研究了河北省农村经济结构、河北省农民收入来源结构、农产品价格预测、农业机械化水平、农村剩余劳动力转移等问题；在其他技术经济领域，研究了思维进化算法优化的灰色神经网络预测模型和河北省民生质量评价两个问题。

（2）综合运用了多种神经网络及优化算法模型。单纯的神经网络模型存在各种不足，为此必须使用各种优化算法对此进行修复。本书在研究方法上综合使用了遗传算法优化的 BP 神经网络模型（GA - BP）、粒子群优化的 BP 神经网络模型（PSO - BP）、粒子群优化支持向量机模型（PSO - SVM）、广义回归神经网络模型（GRNN）、思维进化算法优化灰色神经网络模型（MEA - GNNM）、SOM 神经网络模型等，此外在数据处理和模型使用过程中还用到了模糊信息粒化模型（fuzzy information granulation，FIG）、平均影响值（mean impact value，MIV）、熵权（entropy weight，EW）、灰色关联分析（grey correlation，GR）、层次聚类方法（hierarchical clustering method，HCM）和 TOPSIS 指数等方法和模型。

（3）理论和实证相结合。本书采用理论和实证相结合的研究方法，每章内容针对某一具体问题在阐明所使用的理论模型和指标体系的基础上，收集相关数据，编写程序，仿真模拟后分析实证结果和结论，进而提出相应的对策和建议。

参 考 文 献

［1］Zhaohui Tang，Jamie MacLennan. 数据挖掘原理与应用［M］. 北京：清华大学出版社，2007.

［2］郑洪源，周良，丁秋林. 神经网络在销售预测中的应用研究［J］. 计算机工程与应用，2001（24）：30~42.

［3］蔡云，张靖好. 基于 BP 神经网络优化算法的工业企业经济效益评估［J］. 统计与对策，2012（10）：63~65.

［4］焦巍，刘光斌. 非线性模型预测控制的智能算法综述［J］. 系统仿真学报，2008，20（24）：6581~6586.

［5］余建平，周新民，陈明. 群体智能典型算法研究综述［J］. 计算机工程与应用，2010，

46（25）：1~4.

［6］李根，李文辉．基于思维进化算法的人脸特征点跟踪［J］．吉林大学学报（工学版），
　　 2015，46（2）：606~612.

［7］张巧超，曾昭冰．人工神经网络概述［J］．辽宁经济管理干部学院（辽宁经济职业技术
　　 学院）学报，2010（4）：68~69.

［8］陈文伟，黄金才，赵新．数据挖掘技术［M］．北京：北京工业大学出版社，2002.

2 神经网络与优化算法理论

2.1 神经网络理论

2.1.1 BP 神经网络

BP（back propagation）神经网络是 Rumelhart 和 McCelland 在 1986 年提出的多层前馈网络，是目前应用最广泛的神经网络模型之一。它能够自我学习，自我组织，拟合任意非线性函数。训练过程中，BP 神经网络以预测误差平方和最小为目标，误差反向传播，按照梯度下降的方式不断调整网络权值和阈值，不断逼近期望输出值[1]。

2.1.1.1　BP 神经网络函数

BP 神经网络也称前馈神经网络，是前向网络的核心部分，体现了人工神经网络最精华的部分，在实际应用中，80%～90% 的人工神经网络模型采用 BP 算法，目前主要应用于函数逼近、模式识别、分类和数据压缩或数据挖掘。

神经网络包含一组节点（神经元）和边，这组节点和边形成一个网络，如图 2-1 所示。

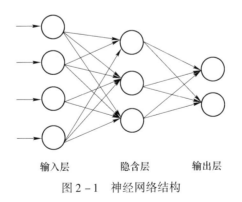

输入层　　　　隐含层　　　　输出层

图 2-1　神经网络结构

节点的类型有三种：输入、隐含和输出。每条边都通过一个相关联的权值来连接两个节点。边的方向代表预测过程中的数据流，每个节点都是一个处理单元。输入节点形成网络的第一层，在大多数神经网络中，每个输入节点都被映射到一个输入属性。输入属性最初的值在处理之前必须被转换为相同范围（通常在－1～1 之间）的浮点数。隐含节点是在中间层中的节点。隐含节点从输入层或前面的隐含层中的节点上接收输入。它基于相关边的权值来组合所有的输入，处理一些计算，然后将处理的结果传给下一层。输出节点通常为可预测的属性。输出节点的结果通常是 0~1 之间的浮点数。

用于神经网络的预测是简单易懂的，输入事例的属性值被规范化，接着被映射到输入层的神经元。然后，每个隐含层的节点会处理输入，触发一个输出到后面的层中。最后，输出神经元开始处理和生成一个输出值，该值被映射到最初的范围或最初的类别中[2]。

2.1.1.2 BP 神经网络函数

神经网络的结构中包含的函数有：输入组合函数、输出计算函数（激活函数）和误差函数。输入组合函数将输入值组合到单个值中。存在不同的方法来组合输入值，如加权和、平均值、最大逻辑 OR 以及逻辑 AND。常见的描述非线性行为激活函数有 sigmoid 和 tanh 函数。sigmoid 和 tanh 函数定义如下：

sigmoid： $O = 1/1 + e^a$

tanh： $O = (e^a - e^{-a})/(e^a + e^{-a})$

$$(2-1)$$

常见误差函数有：参差平方（squared residual）（预测值和实际值之间的差值的平方）或者用于二值分类的阈值（如果输出和实际值之间的差值小于 0.5，则误差是 0；否则，误差是 1）。

$$E_p = 1/2 \sum_i (t_{pi} - o_{pi})^2 \qquad (2-2)$$

式中，t_{pi}、o_{pi}分别是期望输出与计算输出；下角标 p 为第 p 个样本的数据。

2.1.1.3 BP 网络学习过程

计算输出层神经元误差：

$$Err_i = O_i(1 - O_i)(T_i - O_i) \qquad (2-3)$$

式中，O_i 是输出神经元 i 的输出；T_i 为训练样例的该神经元的实际值。

计算隐含层神经元误差：

$$Err_i = O_i(1 - O_i) \sum_{j=1}^{n} (Err_j w_{ij}) \qquad (2-4)$$

式中，O_i 是隐含神经元 i 的输出，该神经元有 n 个到下一层的输出；Err_j 是神经元 j 的误差；w_{ij}是这两个神经元之间的权值。

调整网络权值：

$$w'_{ij} = w_{ij} + L \cdot Err_j \cdot O_i \qquad (2-5)$$

式中，L 是 0~1 范围内的一个数，称为学习速度。如果 L 小，则每次迭代后权值上的变化也小，学习速度慢，L 的值通常在训练过程中会减少。

2.1.2 SOM 神经网络

SOM 神经网络由芬兰学者 Teuvo Kohonen 于 1981 年提出，所以也称 Kohonen

网络，这是一种由全连接神经元阵列组成的无监督神经网络模型，具有无指导、自组织、自学习等特征。训练过程中，SOM 神经网络将任意维输入模式映射到竞争层不同的神经元，以获胜神经元为圆心，使用某个"近邻函数"不断更新权值向量，激励近邻神经元，抑制远邻神经元，最终使得相似模式的输入样本总能激活物理位置上邻近的神经元。SOM 神经网络模型不仅可以识别不同输入模式的分布特征，还可以识别不同输入模式的拓扑结构[3~6]。

典型的 SOM 网络模型由输入层和竞争层（映射层）两部分组成。输入层与竞争层各神经元之间全连接，输入层神经元负责接收外界信息，通过权值向量将数据汇集映射到输出层各神经元，如图 2-2 所示。

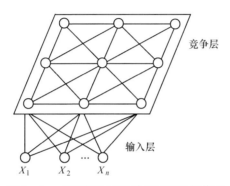

图 2-2　二维阵列 SOM 神经网络结构模型

SOM 网络模型一般包括处理单元阵列、比较选择机制、局部互联作用和自适应过程等 4 个部分。SOM 网络模型学习过程中，处理单元阵列接受外界输入，形成"判断函数"，选择"判断函数"输出值最大的处理单元作为优胜单元，同时激励优胜处理单元及其最邻近的处理单元，修正被激励的处理单元的参数，增加特定输入"判别函数"对应的输出值，最终使相似模式输入激活物理位置邻近的处理单元。

SOM 神经网络计算过程如下：

（1）初始化。设 $w_{ij}(i=1, 2, \cdots, N; j=1, 2, \cdots, M)$ 为输入层神经元 i 和映射层神经元 j 的权值，用 [0, 1] 区间内随机数对 w_{ij} 赋予初始值。同时，设定学习率 $\eta(t)$ 的初始值 $\eta(0)(0 < \eta(0) < 1)$。

（2）输入训练样本。将输入向量 $X = (x_1, x_2, \cdots, x_m)^{\mathrm{T}}$ 输入到输入层。

（3）寻找网络获胜节点。在映射层，计算映射层权值向量和输入向量的欧氏距离，映射层的第 j 个神经元和输入向量的距离，计算公式如下：

$$d_j = \parallel X - W_j \parallel = \sqrt{\sum_{i=1}^{m} (x_i(t) - w_{ij}(t))^2} \qquad (2-6)$$

式中，具有最小距离 $d_k = \min_j(d_j)$ 的神经元 k 为胜出神经元，记为 k^*。

（4）定义优胜邻域。获胜神经元 k^* 的临近神经元集合称为优胜邻域 $S_k(t)$，区域 $S_k(t)$ 随着迭代次数的增加而不断缩小。

（5）调整网络权值。修正输出神经元 k^* 及其"邻接神经元"的权值，公式如下：

$$w_{ik}(t+1) = w_{ik}(t) + \eta(t)(w_k(t) - w_{ik}(t)) \tag{2-7}$$

式中，η 为介于 $0 \sim 1$ 的常数，随着时间变化逐渐下降到 0，一般取 $\eta(t) = 1/t$ 或 $\eta(t) = 0.2 \times (1 - t/10000)$。

（6）输入新样本重复上述学习过程，直到学习速率 $\eta(t)$ 衰减到 0 或某个预定的正值为止。

2.1.3 GRNN 神经网络

广义回归神经网络（generalized regression neural network，GRNN）是径向基神经网络的一种，在 1991 年由美国学者 Donald F. Specht 提出。GRNN 收敛于样本量积聚较多的优化回归面，有更强的非线性映射能力和逼近能力，非常适合解决非线性问题；同时 GRNN 只需要调整一个参数，有高度的容错性和更快的学习速度；GRNN 对不稳定数据和小样本数据适应性也较强。因此，GRNN 在信号过程、能源、结构分析、生物工程、金融领域、药物设计、教育产业、食品科学、控制决策系统等领域得到了广泛应用[7,8]。

与 RBF 网络相似，GRNN 网络结构由输入层、模式层、求和层和输出层组成，如图 2-3 所示。其中，$\boldsymbol{X} = [x_1, x_2, \cdots, x_n]^\mathrm{T}$ 为网络输入向量，$\boldsymbol{Y} = [y_1, y_2, \cdots, y_k]^\mathrm{T}$ 为网络输出向量。

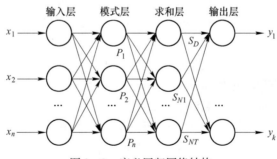

图 2-3 广义回归网络结构

2.1.3.1 输入层

输入层（input layer）负责将学习样本传递给模式层，神经元简单分布，神经元数目等于输入向量维数。

2.1.3.2 模式层

模式层（pattern layer）神经元与学习样本相对应，神经元数目与样本数目 n

相等。假设 X 为网络输入变量，X_i 为第 i 个神经元对应的学习样本，模式层神经元 i 的输出值等于输入变量 X 与学习样本 X_i 之间 Euclid 距离平方的指数平方，计算公式如下：

$$D_i^2 = (X - X_i)^{\mathrm{T}}(X - X_i) \tag{2-8}$$

模式层神经元的传递函数为：

$$p_i = \exp\left[-\frac{(X - X_i)^{\mathrm{T}}(X - X_i)}{2\sigma^2}\right] \quad (i = 1, 2, \cdots, n) \tag{2-9}$$

2.1.3.3 求和层

求和层（summation layer）神经元用于模式层神经元输出值的求和计算，分为算术求和及加权求和两种类型。算术求和神经元与模式层神经元之间的连接权值为 1，算术求和神经元 i 输出计算公式为：

$$s_i = \sum_{i=1}^n \exp\left[-\frac{(X - X_i)^{\mathrm{T}}(X - X_i)}{2\sigma^2}\right] \tag{2-10}$$

传递函数为：

$$S_D = \sum_{i=1}^n P_i \tag{2-11}$$

在加权求和神经元中，第 i 个输出样本 Y_i 中的第 j 个元素为第 i 个模式层神经元与第 j 个求和层神经元的连接权值，加权求和神经元 i 输出计算公式为：

$$s_i = \sum_{i=1}^n Y_i \exp\left[-\frac{(X - X_i)^{\mathrm{T}}(X - X_i)}{2\sigma^2}\right] \tag{2-12}$$

传递函数为：

$$S_{Nj} = \sum_{i=1}^n y_{ij} P_i \quad (j = 1, 2, \cdots, k) \tag{2-13}$$

2.1.3.4 输出层

输出层（output layer）将求和层输出值相除得到本层神经元的输出值。输出层神经元与输出变量相对应，神经元数目等于输出变量维数 k。输出层神经元 j 的输出计算公式如下：

$$y_j = \frac{S_{Nj}}{S_D} \quad (j = 1, 2, \cdots, k) \tag{2-14}$$

2.2 优化算法理论

2.2.1 遗传算法

将生物界的遗传机制和"优胜劣汰，适者生存"的进化机制引入计算过程，通过模拟自然进化过程随机搜索全局最优解，形成新的计算方法就是遗传算法。遗传算法简称 GA(genetic algorithms)，由美国大学教授 Holland 提出。遗传算法首先需要将解向量通过编码映射为基因变量，使原问题每个解对应一个由基因组成的染色体，初始化种群后，计算个体适应度函数值，适应度高的个体为优良个体，适应度低的个体为劣质个体，进而通过选择、交叉和变异操作保留优良个体，淘汰劣质个体，如此不断迭代循环，逐渐搜寻到最适应环境的个体种群，解码后得到问题最优解[9]。

个体的筛选和进化主要是通过选择、交叉和变异三个操作来完成的。选择操作（selection）是计算个体适应度函数值，保留适应度值高的优良个体，淘汰适应度值低的劣质个体，完成个体筛选的过程。新的种群个体既继承了上一代的信息，又优于上一代。个体适应度函数计算公式如下：

$$f(\boldsymbol{X}) = \frac{1}{SE} = \frac{1}{sse(\hat{T} - T)} = \frac{1}{\sum_{i=1}^{n} (\hat{t}_i - t_i)^2} \qquad (2-15)$$

式中，$\hat{T} = \{\hat{t}_1, \hat{t}_2, \cdots, \hat{t}_n\}$ 为测试集的预测值；$T = \{t_1, t_2, \cdots, t_n\}$ 为测试集的真实值；n 为测试集的样本数。

交叉操作（crossover）是模拟生物基因重组，选择同一种群中的两个个体，随机交换部分基因，形成两个新的个体的过程。交叉模拟过程如下：

$$\begin{aligned}c_1 &= p_1 \times a + p_2 \times (1 - a) \\ c_2 &= p_1 \times (1 - a) + p_2 \times a\end{aligned} \qquad (2-16)$$

式中，c_1、c_2 为交叉操作后得到的新个体；p_1、p_2 为随机选择的原种群配对个体；a 为随机生成的交叉概率值，取值在（0，1）区间。

变异操作（mutation）是随机选择种群的个体，按照一定的变异概率，改变个体一个或多个基因值，以产生新个体的过程。变异操作可维持生物个体的多样性，防止未成熟收敛。变异操作过程如图 2-4 所示。

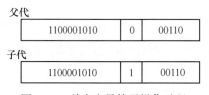

图 2-4　单点变异算子操作过程

2.2.2　粒子群算法

粒子群优化算法（particle swarm optimization，PSO）是计算智能领域，除了蚁群算法、鱼群算法之外的一种群体智能优化算法，该算法最早由 Kennedy 和 Eberhart 在 1995 年提出。PSO 算法源于对鸟类捕食行为的研究，鸟类捕食时，每只鸟找到食物最简单有效的方法就是搜寻当前距离食物最近的鸟的周围区域。

PSO 算法是从这种生物种群行为特征中得到启发并用于求解优化问题的，算法中每个粒子代表问题的一个潜在解，每个粒子对应一个适应度函数决定的适应度值。粒子的速度决定了粒子移动的方向和距离，速度随着自身及其他粒子的移动经验进行动态调整，从而实现个体在可解空间中的寻优。

PSO 算法首先在可解空间中初始化一群粒子，每个粒子代表极值优化问题的一个潜在最优解，用位置、速度和适应度值三项指标表示粒子特征，适应度值由适应度函数计算得到，值的好坏表示粒子的优劣。粒子在解空间中运动，通过跟踪个体极值（Pbest）和群体极值（Gbest）更新个体位置。个体极值是指个体所经历位置中计算得到的适应度值最优的位置；而群体极值是指种群中所有粒子搜索到的适应度值最优的位置。粒子每更新一次位置，就计算一次适应度值，并且通过比较新粒子的适应度值和个体极值、群体极值的适应度值，来更新个体极值和群体极值位置[9]。

假设在一个 D 维搜索空间中，有 n 个粒子组成的种群 $X = （X_1，X_2，\cdots，X_n）$，其中第 i 个粒子表示为一个 D 维向量 $\boldsymbol{X}_i = [x_{i1}，x_{i2}，\cdots，x_{iD}]^{\mathrm{T}}$，代表第 i 个粒子在 D 维搜索空间中的位置，也代表问题的一个潜在解。根据目标函数即可计算出每个粒子位置 $\boldsymbol{X}_i$ 对应的适应度值。第 i 个粒子的速度为 $\boldsymbol{V}_i = [V_{i1}，V_{i2}，\cdots，V_{iD}]^{\mathrm{T}}$，个体极值为 $\boldsymbol{P}_i = [P_{i1}，P_{i2}，\cdots，P_{iD}]^{\mathrm{T}}$，种群的全局极值为 $\boldsymbol{P}_g = [P_{g1}，P_{g2}，\cdots，P_{gD}]^{\mathrm{T}}$。

在每一次迭代过程中，粒子通过个体极值和全局极值更新自身的速度和位置，更新公式如下：

$$V_{id}^{k+1} = \omega V_{id}^k + c_1 r_1 (P_{id}^k - X_{id}^k) + c_2 r_2 (P_{gd}^k - X_{gd}^k) \qquad (2-17)$$

$$X_{id}^{k+1} = X_{id}^k + V_{id}^{k+1} \qquad (2-18)$$

式中，ω 为惯性权重；$d = 1，2，\cdots，D$；$i = 1，2，\cdots，n$；k 为当前迭代次数；V_{id} 为粒子速度；c_1 和 c_2 为非负常数，为加速度因子；r_1 和 r_2 为分布于 $[0，1]$ 之间的随机数。为防止粒子的盲目搜索，一般建议将其位置和速度限制在一定的区间 $[-X_{\max}，X_{\max}]$、$[-V_{\max}，V_{\max}]$ 内。

2.2.3　思维进化算法

思维进化算法（mind evolutionary algorithm，MEA）是模拟思维进化过程的一种进化算法，由我国学者孙承意等人于 1998 年提出。思维进化算法克服了遗传算法计算时间过长和计算结果不可知的问题，思维进化算法在识别非折叠目标时具有很好的效果和准确率，且在部分特征点丢失的情况下，仍然能最大限度地保留匹配准确的特征点，对于干扰具有极强的鲁棒性[9,10]。思维进化算法沿袭了遗传算法"群体"、"个体"、"环境"等一些基本概念，但同时也加入了一些新的概念。

2.2.3.1　群体和子群体

MEA 是一种通过迭代进行优化的学习方法，进化过程的每一代中所有个体的集合成为一个群体。一个群体分为若干个子群体。子群体包括两类：优胜子群体（superior group）和临时子群体（temporary group）。优胜子群体记录全局竞争中的优胜者的信息，临时子群体记录全局竞争的过程。

2.2.3.2 公告板

公告板相当于一个信息平台，为个体之间的子群体之间的信息交流提供了机会。公告板记录三个有效的信息：个体或子群体序号、动作（action）和得分（score）。利用个体或子群体的序号，可以方便地区分不同个体或子群体；动作的描述根据研究领域的不同而不同，对于参数优化问题，动作用于记录个体和子群体具体位置；得分是环境对个体动作的评价，在利用思维进化算法优化过程中，只有时刻记录每个个体和子群体的得分，才能快速地找到优化的个体和群体。子群体内的个体在局部公告板（local billboard）张贴各自的信息，而全局公告板（global billboard）张贴各子群体的信息。

2.2.3.3 趋同

趋同（similartaxis）有两个定义：

（1）在子群体范围内，个体为成为胜者而竞争的过程叫做趋同。

（2）一个子群体趋同过程中，若不产生新的胜者，则称该子群体已经成熟。当子群体成熟时，该子群体趋同过程结束。子群体从诞生到成熟的期间叫做生命期。

2.2.3.4 异化

在整个解空间中，各子群体为成为胜者而竞争，不断探测新的解空间点，这个过程叫做异化（dissimilation）。异化有两个定义：

（1）各子群体进行全局竞争，若一个临时子群体的得分高于某个成熟的优胜子群体的得分，则该优胜子群体被获胜的临时子群体替代，原优胜子群体的个体被释放；若一个成熟的临时子群体的得分低于任意一个优胜子群体的得分，则该临时子群体被废弃，其中的个体被释放。

（2）被释放的个体在全局范围内重新进行搜索并形成新的临时群体。

思维进化算法基本思路如下：

（1）在解空间内随机生成一定规模的个体，根据得分（对应于遗传算法中的适应度函数值，表征个体对环境的适应能力）搜索出得分最高的若干个优胜个体和临时个体。

（2）分别以这些优胜个体和临时个体为中心，在每个个体的周围产生一些新的个体，从而得到若干个优胜子群体和临时子群体。

（3）在各个子群体内部执行趋同操作，直至该子群体成熟，并以子群体中最优个体（即中心）的得分作为该子群体的得分。

（4）子群体成熟后，将各个子群体的得分在全局公告板上张贴，子群体之间执行异化操作，完成优胜子群体和临时子群体间的替换、废弃、子群体中个体释放的过程，从而计算全局最优个体及其得分。

值得一提的是，异化操作完成后，需要在解空间内产生新的临时子群体，以保证临时子群体的个数保持不变。

与遗传算法相比，思维进化算法具有许多自身的优点：

（1）把群体划分为优胜了群体和临时子群体，对于在此基础上定义的趋同操作和异化操作分别进行探测和开发，这两种功能相互协调且保持一定的独立性，便于分别提高效率，任一方面的改进都对提高算法的整体搜索效率有利。

（2）MEA 可以记忆不止一代的进化信息，这些信息可以指导趋同与异化向着有利的方向进行。

（3）结构上固有的并行性。

（4）遗传算法中的交叉与变异算子均具有双重性，既可能产生好的基因，也可能破坏原有的基因，而 MEA 中的趋同和异化操作可以避免这个问题。

2.2.4　灰色系统理论

灰色系统理论由我国学者邓聚龙教授于 1982 年提出，是一种研究少数据、贫信息不确定性问题的方法。灰色系统是一门研究信息部分清楚、部分不清楚并带有不确定性现象的应用数学学科。它以"部分信息已知，部分信息未知"的"小样本"、"贫信息"不确定性系统为研究对象，主要通过对"部分"已知信息的生成、开发，提取有价值的信息，实现对系统运行行为、演化规律的正确描述和有效监控。在客观世界中，大量存在的不是白色系统（信息完全明确），也不是黑色系统（信息完全不明确），而是灰色系统。因此，灰色系统理论以这种大量存在的灰色系统为研究而获得进一步发展。

灰色系统理论经过 20 年的发展，现已基本建立起一门新兴学科的结构体系。其主要内容包括以灰色代数系统、灰色方程、灰色矩阵等为基础的理论体系，以灰色序列生成为基础的方法体系，以灰色关联空间为依托的分析体系，以灰色模型（GM）为核心的模型体系，以系统分析、评估、建模、预测、决策、控制、优化为主体的技术体系[11]。

参 考 文 献

[1] Zhaohui Tang, Jamie MacLennan. 数据挖掘原理与应用［M］. 北京：清华大学出版社，2007.

[2] 蔡云，张靖好. 基于 BP 神经网络优化算法的工业企业经济效益评估［J］. 统计与对策，2012（10）：63～65.

［3］刘林，喻国平．基于自组织特征映射（SOM）网络对潜在客户的挖掘［J］．南昌大学学报（理科版），2006，30（5）：507～509.

［4］周杜辉，李同昇．基于 FA–SOM 神经网络的农业技术水平省际差异研究［J］．科技进步与对策，2011（3）：117～121.

［5］雷璐宁，石为人，范敏．基于改进的 SOM 神经网络在水质评价分析中的应用［J］．仪器仪表学报，2009，30（11）：2379～2383.

［6］李鸿志．提高密度泛函理论计算 Y–NO 体系均裂能精度：神经网络和支持向量机方法［D］．长春：东北师范大学，2011：30～32.

［7］叶姮，李贵才，李莉，等．国家级新区功能定位及发展建议——基于 GRNN 潜力评价方法［J］．经济地理，2015，35（2）：92～99.

［8］覃光华，宋克超，周泽江，等．基于 WA–GRNN 模型的年径流预测［J］．四川大学学报（工程科学版），2013，45（6）：39～46.

［9］王小川，史峰，郁磊，等．Matlab 神经网络 43 个案例分析［M］．北京：北京航空航天大学出版社，2013.

［10］余建平，周新民，陈明．群体智能典型算法研究综述［J］．计算机工程与应用，2010，46（25）：1～4.

［11］李根，李文辉．基于思维进化算法的人脸特征点跟踪［J］．吉林大学学报（工学版），2015，46（2）：606～612.

第 1 篇
工业技术经济篇

3 PSO – BP 模型在工业技术创新环境影响因素研究中的应用

3.1 引言

熊彼特认为创新所带来的"革命性变化"是经济发展的本质，技术进步带动了经济发展，决定了经济增长[1]。技术创新不仅极大提升社会生产效率，同时创造新兴产业，是经济升级和产业结构调整的关键。工业是技术创新最重要的载体，工业企业的技术创新能力不仅决定了所在产业的技术创新水平，而且很大程度上规定着整个国家技术创新的高度。从区域的角度研究工业企业技术创新活动影响因素，有助于认识我国工业技术创新背后的推进机制，找出各区域工业技术创新的主要影响因素和优劣势，从而有针对性地提出提升工业技术创新能力的对策建议并制定符合区域实际的自主创新战略。

国外学者对技术创新宏观层次方面的系统研究较少，主要集中在市场结构、企业规模和政府政策对技术创新的影响，Schumpeter、Arrow、Metcalfe、Stock 和 Taylor 等对此进行了深入研究[2~6]。国外学者在企业技术创新主要影响因素方面的研究较多。如 Hans Georg Gemünden 等发现公司技术网络建设是创新成功的关键因素，产品创新和过程创新是技术网络类型的两个重要决定因素[7]。Brenard Bob 认为组织战略、企业环境、技术资源、人力资源等要素对企业的技术创新有重要影响[8]。大多数国内学者在宏观层次从不同角度对企业技术创新活动进行了研究。总结来看，技术创新研究在研究对象方面可分为区域和行业两类，在研究内容方面可分为没有考虑创新效率影响因素和研究创新效率影响因素两类，在研究方法方面可分为有参数的随机前沿法（SFA）和无参数的数据包络法（DEA）两类，在是否考虑创新时滞方面可分为加入时滞效应和不考虑时滞效应两类[9~18]。

现有研究存在如下不足：一是研究内容主要集中在技术创新效率和能力评价、竞争力和技术创新的关系等方面，系统研究工业企业技术创新影响因素的不多；二是研究方法多是线性回归的计量经济模型，很难真实描述技术创新与影响因素之间复杂的非线性关系；三是 BP 神经网络虽具有很强的映射能力和泛化能力，可表示任意的非线性关系，但 BP 神经网络使用梯度下降算法进行学习，容易陷入局部最优解[19~21]。本章在以下三个方面进行了拓展：一是从企业、产业和区域环境三个层次，综合考察了 9 个因素对工业技术创新的影响，建立了工业技术创新影响因素指标体系；二是使用粒子群算法（particle swarm optimization，PSO）优化 BP 神经网络，构建了 PSO – BP 神经网络模型；三是使用 MIV 算法和 2008～2013 年全国 31 个省（市、自治区）规模以上工业企业技术创新数据，衡量了 9 个因素对我国工业技术创新的整体影响、区域影响差异和变化趋势。最后，根据实证结论，有针对性地提出了推动我国工业企业技术创新的对策与建议。

3.2 变量和数据

3.2.1 变量选择

波特钻石理论模型认为，产业竞争优势来源于四个基本要素和两个辅助要素的整合，四个基本要素是生产要素、需求条件、辅助行业和企业战略，两个辅助因素是机遇和政府功能[22]。借鉴国内外专家研究结论[23～28]，本书作者认为工业企业技术创新受到企业微观环境、产业中观环境和区域宏观环境三个层次因素的影响。遵循综合性和数据易得性的原则，既全面、综合地描述待评地区工业技术创新情况，又能收集到指标量化数据，本章最终选取研发经费投入、研发人员投入、企业规模、产权结构、研发支出结构 4 个企业环境因素，产业结构、外商直接投资 2 个产业环境因素，政府资助力度、地区经济发展水平 2 个区域环境因素来综合考察工业技术创新活动。

工业企业技术创新影响因素及衡量指标见表 3 – 1。

表 3 – 1　变量指标说明

变量类型	变量代码	变量名称	变 量 指 标	单位
因变量	Y	技术创新水平	规模以上工业企业专利申请数	件
自变量	V_1	研发经费投入	规模以上工业企业研发经费	万元
	V_2	研发人员投入	规模以上工业企业研发人员全时当量	人/年
	V_3	企业规模	规模以上工业企业平均产值	万元
	V_4	产权结构	规模以上工业企业国家资本金比重	%
	V_5	企业研发支出结构	技术引进与消化吸收经费的支出比值	
	V_6	市场结构	规模以上工业企业单位数	个
	V_7	政府资助力度	政府资金占研发经费内部支出比重	%
	V_8	外商直接投资	外商及港澳台商投资工业企业比重	%
	V_9	地区经济发展水平	人均地区生产总值	元

3.2.2 数据来源及处理

本章所用数据为国家统计局（http：//www. stats. gov. cn/）2008～2013 年度全国 31 个省（市、自治区）面板数据，共计 155 条数据记录。

企业技术创新过程需要经历研发投入、新专利发明、新产品商业化三个阶段，因此，创新具有滞后性。但创新的时滞效应还没有统一的标准，从几个月到几年不等。为统一口径，本章选择 1 年作为创新滞后时间，创新产出为 2009 ~ 2013 年数据，创新投入为 2008 ~ 2012 年数据。

同时，不同变量间存在较大的数据量级差别，必须对数据进行归一化处理以消除数据量纲，否则，数据量级差别会造成网络预测误差较大。本章使用最大最小法对数据进行归一化处理，计算公式如下：

$$x_k = (x_k - x_{min})/(x_{max} - x_{min}) \tag{3-1}$$

式中，x_{max}、x_{min} 分别为数据序列最大值和最小值。

3.3 模型构建

3.3.1 MIV 算法

平均影响值（mean impact value，MIV）由 Dombi 等人提出，被认为是神经网络评价变量相关性最好的指标之一。使用 PSO – BP 神经网络模型计算变量 MIV 值的过程为：首先使用原始数据训练一个 PSO – BP 神经网络模型，模型通过准确性验证测试后，将自变量原值分别增减 10%，其他自变量原值保持不变，形成两个新的样本 P_1 和 P_2，然后将新样本输入 PSO – BP 神经网络模型仿真测试，得到两个仿真预测结果 A_1 和 A_2，A_1 和 A_2 的差值即为变动该变量对因变量的影响变化值（impact value，IV），将影响变化值（IV）按输入样本数平均，即为该变量的 MIV 值。可见，MIV 值可以用来衡量自变量对因变量影响程度的大小，其符号表示自变量对因变量的相关方向，绝对值表示自变量对因变量的重要程度[19]。

3.3.2 PSO – BP 模型

BP（back propagation）神经网络是 Rumelhart 和 McCelland 在 1986 年提出的多层前馈网络，是目前应用最广泛的神经网络模型之一。它能够自我学习，自我组织，拟合任意非线性函数。训练过程中，BP 神经网络以预测误差平方和最小为目标，误差反向传播，按照梯度下降的方式不断调整网络权值和阈值，不断逼近期望输出值。由于 BP 神经网络本质上属于梯度下降算法，因而具有不能搜寻到全局最优解，容易陷入局部极值的缺陷[20]。

粒子群优化算法（particle swarm optimization，PSO）是除蚁群算法、鱼群算法之外的一种群体智能优化算法。它最早由 Kennedy 和 Eberhart 在 1995 年提出，算法思想源于对鸟类捕食行为的观察，即搜寻当前距离食物最近的鸟的周围区域是鸟类找到食物最简单有效的方法。PSO 算法将解空间映射为粒子群，每个粒子用适应度值、位置和速度三个特征描述，粒子的优劣由适应度函数计算的适应度值来表示，粒子移动的方向和距离由速度控制[21]。粒子在解空间中运动，个体所经历的最优位置称为个体极值，用 Pbest 表示，粒子群中所有粒子搜索到的最优位置称为群体极值，用 Gbest 表示。粒子通过搜索个体极值和群体极值附近区域寻找最优位置，个体位置更新后形成新粒子，计算新粒子适应度值，比较新粒子适应度值与个体极值、群体极值的优劣，从而更新个体极值和群体极值的位置。如此循环，直至找到最优位置代表的最优解。

PSO - BP 神经网络模型将粒子群优化算法引入 BP 神经网络，以网络权值和阈值作为种群粒子进行编码，以样本预测值和观测值的误差绝对值之和作为粒子适应度函数，不断迭代进化，最终得到种群最优粒子，解码后得到 BP 神经网络全局最优权值和阈值，从而建立粒子群优化的 BP 神经网络模型。

使用 MIV 算法和 PSO - BP 神经网络模型计算变量平均影响值流程如图 3 -1 所示。

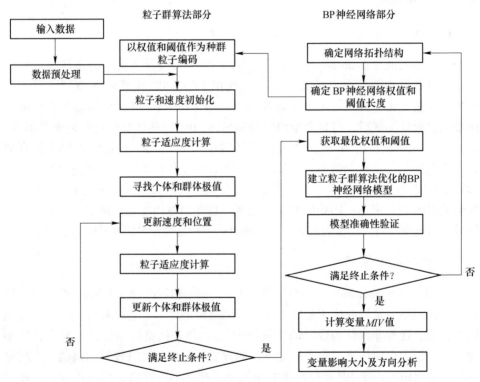

图 3 - 1　粒子群算法优化 BP 神经网络计算过程

主要计算步骤如下：

（1）初始化种群粒子和速度。将 BP 神经网络全部权值和阈值作为种群粒子进行编码，粒子个体长度 D 计算公式如下：

$$D = I \times H + H + H \times O + O \tag{3-2}$$

式中，I、H、O 分别表示 BP 神经网络输入层神经元数量、隐藏层神经元数量和输出层神经元数量，因此，D 维向量 $\boldsymbol{X}_i = [x_{i1}, x_{i2}, \cdots, x_{iD}]^T$ 表示粒子 i 在 D 维空间的位置，也表示解空间的一个潜在解，粒子 i 的速度可表示为 $\boldsymbol{V}_i = [V_{i1},$

V_{i2}，$\cdots$，V_{iD}]^{T}，设定种群规模为 n，则粒子群可表示为 $X = (X_1, X_2, \cdots, X_n)$。

（2）适应度函数。每个群粒子代表一组网络权值和阈值，解码后建立对应的 BP 神经网络模型，使用样本数据训练模型并仿真预测，以预测值和观测值的误差绝对值之和作为粒子适应度值 F，计算公式如下：

$$F = \sum_{i=1}^{n} \mathrm{abs}(y_t - o_t) \qquad (3-3)$$

式中，n 为样本数；y_i 为样本 i 观测值；o_i 为样本 i 预测值。

（3）确定个体极值和种群极值。根据适应度函数即可计算出每个粒子位置 X_i 对应的适应度值。设粒子 i 的个体极值为 $P_i = [P_{i1}, P_{i2}, \cdots, P_{iD}]^{\mathrm{T}}$，全局极值为 $P_g = [P_{g1}, P_{g2}, \cdots, P_{gD}]^{\mathrm{T}}$。

（4）更新速度和位置。粒子的速度和位置使用个体极值和全局极值不断更新，计算公式如下：

$$V_{id}^{k+1} = \omega V_{id}^{k} + c_1 r_1 (P_{id}^{k} - X_{id}^{k}) + c_2 r_2 (P_{gd}^{k} - X_{id}^{k}) \qquad (3-4)$$

$$X_{id}^{k+1} = X_{id}^{k} + V_{id}^{k+1} \qquad (3-5)$$

式中，V_{id} 为粒子速度；$i = 1, 2, \cdots, n$；$d = 1, 2, \cdots, D$；k 为当前迭代次数；ω 为惯性权重；r_1 和 r_2 为分布于 [0，1] 之间的随机数；c_1 和 c_2 为加速度因子，是非负的常数。位置和速度一般限制在一定的区间 [$-X_{\max}$，$X_{\max}$]、[$-V_{\max}$，$V_{\max}$]，防止粒子盲目搜索。

（5）建立 PSO－BP 神经网络模型。将粒子群算法得到的最优种群粒子解码，得到 BP 神经网络最优权值和阈值，建立 PSO－BP 神经网络模型。

（6）使用 MIV 算法计算自变量影响值。依次增减自变量原值，其他自变量原值不变，获得两个新样本后，输入 PSO－BP 神经网络模型仿真测试，计算两个新样本预测差值的平均值（*MIV*），根据 *MIV* 值绝对值大小和正负情况判断自变量对因变量的影响大小和影响方向。

3.4　实证结果

3.4.1　总体分析

使用原始数据训练一个 PSO－BP 神经网络模型，依次增减影响工业技术创新影响因素的 9 个自变量，保持其他自变量原值不变，计算得到工业技术创新影响因素各自变量的 *MIV* 值，见表 3－2。

表 3－2　工业技术创新影响因素 *MIV* 值

影响因素	研发经费投入	研发人员投入	企业规模	产权结构	企业研发支出结构	市场结构	政府资助力度	外商直接投资	地区经济发展水平
MIV 值	573.07	462.91	－17.72	－500.74	25.01	348.24	200.72	－103.46	398.71

从表3-2可看出，按照影响程度大小排序，影响工业技术创新的9个因素依次为：研发经费投入、产权结构、研发人员投入、地区经济发展水平、市场结构、政府资助力度、外商直接投资、企业研发支出结构、企业规模；其中，产权结构、外商直接投资、企业规模3个自变量对工业技术创新有负向影响，其他6个自变量对工业技术创新有正向影响。

可见，工业技术创新主要影响因素依然是研发经费和研发人员直接投入要素的强度，从环境变量来看，产权结构对工业企业技术创新有重大负向影响，企业规模、研发支出结构对工业企业技术创新能力影响较小。

3.4.2 区域差异分析

将全国31个省（市、自治区）分为华北、东北、华东、中南、西南和西北6个区域，汇总计算各区域面板数据和变量MIV值，得到各区域工业技术创新数据（见表3-3）和主要影响因素（见表3-4）。

表3-3 不同地区工业技术创新特征数据

地区	专利申请数/件	研发经费投入/万元	研发人员全时当量/人·年⁻¹	企业平均产值/万元	国家资本金比重/%	技术引进与消化吸收经费支出比值	企业单位数/个	政府资金占研发经费内部支出比重/%	外商及港澳台商投资工业企业比重/%	人均地区生产总值/元
华北	6823	1120280	34283	1101.10	28.11	8.20	6726	4.01	21.41	50154
东北	4275	1082561	32520	745.31	25.16	5.34	10122	8.35	20.11	34632
华东	28241	3327735	107469	594.70	12.18	7.17	28630	4.12	31.75	43606
中南	17772	2073749	81531	715.05	17.87	16.60	16283	3.90	24.57	28134
西南	4205	436062	17132	707.26	24.63	9.84	5009	7.28	9.09	19801
西北	1608	270246	10058	1608.57	36.52	20.44	1879	8.55	6.01	24517

表3-4 不同地区工业技术创新影响因素MIV值

地区	研发经费投入	研发人员投入	企业规模	产权结构	企业研发支出结构	市场结构	政府资助力度	外商直接投资	地区经济发展水平
华北	378.38	252.50	70.31	-580.08	9.27	112.33	153.41	-103.84	861.18
东北	398.74	284.70	-160.94	-717.53	-14.11	395.44	356.34	-939.70	45.54
华东	1515.83	888.55	57.05	-563.50	32.50	810.21	46.57	694.19	583.42
中南	466.30	850.21	-31.57	-738.76	60.13	396.96	179.20	-190.62	504.33
西南	173.05	153.30	-134.73	-245.28	-21.02	196.22	18.40	-495.28	176.90
西北	80.63	29.22	9.15	-173.28	57.60	2.64	578.62	-221.59	-15.40

从统计数据来看,华北地区规模以上工业企业专利申请数居全国第 3 位,人均地区生产总值全国最高,国家资本金比重和企业平均产值较高,居全国第 2 位,但规模以上企业单位数、技术引进与消化吸收经费支出比值、政府资金占研发经费内部支出比重较低,居全国第 4 和第 5 位;从影响因素来看,地区经济水平、研发经费投入和人员投入对华北地区工业技术创新正向促进作用较大,产权结构和外商直接投资对华北地区工业技术创新有负向影响,产权结构因素对华北地区工业技术创新有明显抑制作用。

东北地区专利申请数、研发经费、研发人员全时当量、外商及港澳台商投资工业企业比重居全国第 4 位;技术引进与消化吸收经费支出比值全国最低,说明东北地区研发支出结构中技术引进较少,消化吸收费用较多;政府资金占研发经费内部支出比重较高,居全国第 2 位。从影响因素来看,外商直接投资、产权结构、研发经费投入和市场结构对东北地区工业企业技术创新影响较大,但外商直接投资、产权结构是负向影响,这说明东北地区外商投资直接挤掉了本地工业企业市场空间;同时工业企业实收资本中国家资本比例依然较高,对企业技术创新的不利影响非常显著,国企改革依然任重道远。东北地区有一定数量的规模以上工业企业,民营经济有一定程度的发展,市场结构相对合理,市场结构因素对技术创新有明显的正向促进作用。

华东地区专利申请数、研发经费投入、研发人员全时当量、企业单位数、外商及港澳台商投资工业企业比重均居全国第 1 位,人均 GDP 居全国第 2 位,国家资本金比重和企业平均产值全国最低,技术引进与消化吸收经费支出比值居全国第 5 位。从影响因素来看,研发经费投入、研发人员投入、市场结构、外商直接投资是华东地区主要影响因素,需要注意的是外商直接投资在全国 6 个区域中,其他 5 个区域均为负向影响,华东地区为正向影响。显然,华东地区是我国工业技术创新表现最好的地区,规模以上工业企业数量多,规模适当,已形成结构合理的有效竞争市场,产权改革较为彻底,技术引进后消化吸收较好,工业企业技术创新能力强,已具备国际竞争力,外商直接投资有效激发了本地企业的技术创新。

中南地区专利申请数、研发经费投入、研发人员全时当量、企业单位数、技术引进与消化吸收经费支出比值、外商及港澳台商投资工业企业比重居全国第 2 位,政府资金占研发经费内部支出比重和国家资本金比重较低,分别居全国第 6 位和第 5 位。从影响因素来看,研发人员投入、产权结构和地区经济水平是中南地区企业技术创新主要影响因素。

西南地区专利申请数、研发经费投入、研发人员全时当量、企业单位数、企业平均产值、外商及港澳台商投资工业企业比重均较低,居全国倒数第 2 位,人均地区生产总值全国最低。从影响因素来看,外商直接投资、产权结构和市场结构是该地区技术创新的主要因素，且外商直接投资、产权结构为阻碍因素。

西北地区专利申请数、研发经费投入、研发人员全时当量、企业单位数、外商及港澳台商投资工业企业比重全国最低，人均地区生产总值居全国倒数第2位，国家资本金比重、企业平均产值、技术引进与消化吸收经费支出比值、政府资金占研发经费内部支出比重均居第1位，这说明西北地区工业企业主要为国有企业，规模大，以技术引进为主，消化吸收较少，政府资金对企业研发活动有重要影响。从影响因素来看，政府资金投入力度、外商直接投资和产权结构是西北地区工业企业技术创新主要影响因素，且外商直接投资和产权结构为负向影响因素。

3.4.3　变动趋势分析

按照时间顺序，汇总计算工业技术创新影响因素各年度统计数据（见表3-5）和 MIV 值（见表3-6），观察各因素影响程度的变化趋势。

表3-5　工业技术创新年度特征数据

时间	专利申请数/件	研发经费投入/万元	研发人员全时当量/人·年$^{-1}$	企业平均产值/万元	国家资本金比重/%	技术引进与消化吸收经费支出比值	企业单位数/个	政府资金占研发经费内部支出比重/%	外商及港澳台商投资工业企业比重/%	人均地区生产总值/元
2008 年	8574	991332	39677	619.56	27.45	45.12	13746	4.87	21.41	25918
2009 年	6416	1217951	46671	647.32	23.25	2.98	14012	5.60	19.95	28007
2010 年	12454	1295289	44191	733.92	20.49	3.59	14609	6.42	19.90	33054
2011 年	15805	1933486	62551	1209.21	20.55	2.92	10504	5.53	19.50	39244
2012 年	18094	2322789	72457	1269.64	23.46	3.16	11089	6.05	18.05	43181

表3-6　工业技术创新影响因素年度 MIV 值

时间	研发经费投入	研发人员投入	企业规模	产权结构	企业研发支出结构	市场结构	政府资助力度	外商直接投资	地区经济发展水平
2008 年	480.05	383.48	-62.52	-519.75	111.78	397.87	121.57	-108.76	212.52
2009 年	499.65	447.93	-48.08	-555.20	1.51	336.56	143.62	-174.31	460.38
2010 年	523.51	405.67	-50.28	-489.95	0.56	335.22	236.83	-134.16	489.81
2011 年	664.90	546.86	7.85	-420.53	2.86	337.35	252.29	-25.07	463.22
2012 年	697.22	530.63	64.45	-518.26	8.33	334.21	249.31	-74.98	367.61

从统计数据来看（见表3-5），专利申请数增长最快，年均增长27.58%，研发经费投入和研发人员全时当量年均增长24.65%和17.42%，但企业平均产

值不断增长，企业单位数先升后降，企业兼并较大，这不利于形成激发创新的竞争市场；国家资本金比重先降后升，2011 年后出现反弹，但总体呈下降趋势，年均降速为 - 3.18%；技术引进与消化吸收经费支出比值不断下降，年均降速 - 20.86%，这说明我们工业企业从过去技术引进为主快速走向消化吸收为主导；政府资金占研发经费内部支出比重不断增长，年均增速为 6.33%，外商及港澳台商投资工业企业比重不断下降，年均下降 - 4.13%，人均地区生产总值不断增长，年均增长 13.71%。

从各年度 MIV 值的变化来看（见表 3 - 6），研发经费投入、研发人员投入、政府资助力度影响力不断增长，年均增长 10.18%、9.8% 和 22.1%；产权结构负向影响总体下降，但在 2012 年出现回弹，这与国家资本金比重上升统计数据一致，产权结构整体下降幅度较小，负向影响仍然较大，这说明我国国企改革步伐较慢；市场结构影响不断下降，但对企业技术创新依然具有较大影响；企业规模影响力由负向影响转为正向影响，且影响力在不断扩大；研发支出结构影响力不断上升，尤其是 2012 年，说明企业消化吸收能力对企业创新越来越重要；外商投资负向影响总体下降，且下降速度较快，2012 年出现回弹；地区经济发展水平影响力先升后降，对企业技术创新有较大影响。

3.5 结论与建议

针对现有研究的不足和 BP 神经网络的缺陷，本章建立工业企业技术创新影响因素指标体系，构建粒子群算法优化的 BP 神经网络模型，以 2008 ~ 2013 年全国 31 个省（市、自治区）规模以上工业企业技术创新数据为样本，对工业企业技术创新影响因素进行了分析，研究结果表明：合理的产权结构和充分竞争的市场环境是工业企业技术创新的重要前提条件；华东、中南尤其华东地区工业企业技术创新表现较好，西北、西南地区工业技术创新表现较差；研发经费投入、研发人员投入、政府资助力度快速增长，工业企业规模逐渐走向合理，研究结构由技术引进转向消化吸收，外商投资负向影响快速下降，企业竞争力不断增强，但产权结构负向影响先降后升，国企改革出现回弹；外商直接投资在不同地区对企业技术创新具有不同影响，在华东地区表现为正向影响；相对于企业自有研发资金，政府资金投入不合理，使用效率较低。

根据实证结果，提出如下建议：

（1）推进国有企业混合所有制改革，加快产权结构调整。

从国内外学者的研究结论来看，企业技术创新效率非国有企业高于国有企业，外资企业高于内资企业。以委托代理理论解释，国有企业存在较严重的"出资人不到位"，产权虚置的问题，委托人和代理人之间有利益冲突且信息严重不对称，从而造成国有企业经理行为短视，技术创新激励不足和研发经费的浪费等，使技术创新效率大打折扣。

从统计数据来看，我国国家资本金占规模以上工业企业实收资本的比重总体下降，但受金融危机影响，2011年后国家资本金占规模以上工业企业实收资本比重上升，产权结构改革出现回弹，因此，提高企业技术创新活动必须继续加强对国有企业混合所有制改造，推进国有企业产权制度多元化，优化和完善公司治理结构，从而变革国有企业技术创新激励机制，激发企业的创新活力。

（2）打破行业和区域垄断，改善和创造公平竞争的市场环境。

激烈的市场竞争给企业带来通过技术创新改进产品品质、降低成本的压力和动力，促使企业寻求新的途径以提高生产和经营效率。成功的国际竞争企业都是经过国内市场的激烈搏斗，蜕变和升级后进入海外市场的，海外市场是国内市场竞争的延展。实证结果也验证了市场上企业数量多，竞争压力大，对企业技术创新具有重要的积极影响。因此，政府应采取措施打破行业和区域垄断，营造公平、有序且充分竞争的市场环境，从而激发企业技术创新活力，推动地区技术进步和技术创新。

（3）正确把握开放度，统筹兼顾引进外资与培育本地企业。

从实证结果来看，外商直接投资对华东地区工业企业技术创新具有正向影响，但对其他地区均为负向影响，这说明外商直接投资对我国很多地区工业企业的市场份额产生了"挤出效应"。只有本地企业完成改革，成长壮大起来，外商直接投资才能成为地区工业技术创新的促进因素。因此，政府应正确把握开放度，因时因地制定符合当地企业发展阶段的外资利用政策，以增强本土企业技术创新能力为核心，统筹兼顾开放和市场保护政策，将吸引外资和积极扶植本地中小企业发展结合起来，确保外资引进的适宜性，引导不同类型企业之间进行研发合作和竞争，推动地区工业技术创新的发展。

（4）调整政府角色，减少对业创新活动的不必要干预。

工业企业是市场竞争和技术创新的主体，从实证结果来看，政府资助研发费用的使用配置效率低于企业自有资金，因此，除了在关系国民经济命脉的重要行业和关键领域占据支配地位外，政府应尽量减少企业能够行动的领域的投入，加大公共领域的投入，如发展基础设施、基础性研究等，提高投资效率，同时，政府还应保证国内市场处于活泼的竞争状态，制定竞争规范，避免市场垄断状态的出现。

参 考 文 献

[1] 约瑟夫·熊彼特. 经济发展理论 [M]. 北京：商务印书馆，1990：7~8.

［2］Schumpeter J A. Capitalism, Socialism and Democracy ［M］. New York：Harper & Row, 1942.

［3］Arrow K. The economic implications of learning by doing ［J］. The Review of Economics and Statistics, 1962, 29 (3)：155 ~ 173.

［4］Metcalfe J. The foundations of technology policy：Equilibrium and evolutionary perspectives ［M］. Oxford：Blackwell Publishers Ltd. , 1995：409 ~ 512.

［5］Stock G N, Greis N P, Fischer W A. Firm size and dynamic technological innovation ［J］. Technovation, 2002, 22 (9)：537 ~ 549.

［6］Taylor M R, Rubin E S, Hounshell D A. Effect of government actions on technological innovation for SO_2 control ［J］. Environmental Science & Technology, 2003, 37 (20)：4527 ~ 4534.

［7］Hans Georg Gemünden, Thomas Ritter. Network configuration and innovation success：An empirical analysis in German high - tech industries ［J］. International Journal of Research in Marketing, 1996 (9)：449 ~ 462.

［8］鲍伯·伯纳德, 谢洪源. 法国公司创新的高标定位 ［J］. 管理工程学报, 2010 (12)：60 ~ 67.

［9］冯宗宪, 王青, 侯晓辉. 政府投入、市场化程度与中国工业企业的技术创新效率 ［J］. 数量经济技术经济研究, 2011 (4)：3 ~ 17.

［10］李博, 李启航. 经济发展、所有制结构与技术创新效率 ［J］. 中国科技论坛, 2012 (3)：29 ~ 35.

［11］刘伟, 李星星. 中国高新技术产业技术创新效率的区域差异分析——基于三阶段 DEA 模型与 Bootstrap 方法 ［J］. 财经问题研究, 2013 (8)：20 ~ 28.

［12］高霞. 规模以上工业企业技术创新效率的行业分析 ［J］. 软科学, 2013, 27 (11)：58 ~ 65.

［13］戴卓, 代红梅. 中国工业行业的技术创新效率研究——基于随机前沿模型 ［J］. 经济经纬, 2012 (4)：90 ~ 94.

［14］牛泽东, 张倩肖. 中国装备制造业的技术创新效率 ［J］. 数量经济技术经济研究, 2012 (11)：51 ~ 67.

［15］代碧波, 孙东生, 姚凤阁. 我国制造业技术创新效率的变动及其影响因素——基于 2001—2008 年 29 个行业的面板数据分析 ［J］. 情报杂志, 2012, 31 (3)：185 ~ 191.

［16］张娜, 杨秀云, 李小光. 我国高技术产业技术创新影响因素分析 ［J］. 经济问题探索, 2015 (1)：30 ~ 35.

［17］张海洋, 史晋川. 中国省际工业新产品技术效率研究 ［J］. 经济研究, 2011 (1)：83 ~ 96.

［18］吴延兵. 创新的决定因素——基于中国制造业的实证研究 ［J］. 世界经济文汇, 2008 (2)：46 ~ 58.

［19］卢永艳, 王维国. 财务困境预测中的变量筛选——基于平均影响值的 SVM 方法 ［J］. 系统工程, 2011, 29 (8)：73 ~ 78.

［20］蔡云, 张靖妤. 基于 BP 神经网络优化算法的工业企业经济效益评估 ［J］. 统计与对策, 2012 (10)：63 ~ 65.

［21］王小川, 史峰, 郁磊, 等. Matlab 神经网络 43 个案例分析 ［M］. 北京：北京航空航天

大学出版社, 2013.

［22］迈克尔·波特. 国家竞争优势 ［M］. 北京: 中信出版社, 2007.

［23］Scherer F M, Ross D. Industrial market structure and economic performance ［M］. Boston: Houghton Mifflin Company, 1990.

［24］Pavitt K, Robson M, Townsend J. The size distribution of innovating firms in the UK: 1945 – 1983 ［J］. Journal of Industrial Economics, 1987, 35 (3): 297 ~ 316.

［25］Chen C T, Chien C F, Lin M H, et al. Using DEA to evaluate R & D performance of the computers and peripherals firms in Taiwan ［J］. International Journal of Business, 2004, 9 (4): 347 ~ 359.

［26］Arrow K. Economic Welfare and the allocation of resources for Invention ［M］. Princeton: Princeton University Press, 1962.

［27］Guellec D, Pottelsberghe B V. The effect of public expenditure to business ［R］. R&D, OECD STI Working Paper, 2000.

［28］Wallsten S J. The effects of programs on private RD: the government industry R & D case of the small business innovation research program ［J］. Rand Journal of Economics, 2000, 31 (1): 82 ~ 100.

4 GA – BP 模型在区域工业技术创新能力评价中的应用

4.1 引言

工业是技术创新最重要的载体，工业企业的技术创新能力不仅决定了所在产业的技术创新水平，而且很大程度上规定着整个国家技术创新的高度，从区域角度研究工业企业技术创新能力，有助于认识各区域在技术创新能力方面的优劣势，找出影响各区域工业技术创新能力的主要因素，从而有针对性地提出提升工业技术创新能力的对策建议和制定符合区域实际的自主创新战略。

建立科学可行的评价指标体系和选择科学有效的评价方法，是区域工业企业技术创新能力评价的关键。对技术创新能力进行评价需要解决两个问题：一是工业企业技术创新能力的影响因素很多，且变量之间难以使用线性模型进行描述；二是影响因素之间不是相互独立的，有可能存在多重共线性，建立模型前，必须对输入变量进行降维，否则，建立的模型容易出现拟合现象，导致模型精度低、建模时间长等问题。

从国内外专家学者研究成果来看，目前工业企业技术创新能力评价方法使用较多的是数据包络分析、随机前沿模型、层次分析法、模糊多属性决策方法等[1~9]，常用的变量压缩方法有多元回归与相关分析法、类逐步回归法、主成分分析法、独立成分分析法、主基底分析法、偏最小二乘法、遗传算法等[10~15]。

传统的技术创新能力评价方法多是统计方法或建立在线性模型的基础上，很难真实描述复杂的非线性关系和不确定性因素。神经网络可表示任意非线性关系，具有很强的映射能力和泛化能力等，但 BP 神经网络学习使用梯度下降算法，最优解容易陷入局部极小化。同时技术创新能力评价输入自变量较多，且相互之间有可能存在多重共线性，因此建立模型前，必须去除冗余变量，选择与技术创新能力相关性最强的变量参与建模。本章首先使用遗传算法优化筛选输入自变量，去除了自变量的多重共线性，然后再利用遗传算法从全局范围搜寻 BP 神经网络最优权值和阈值向量，优化了 BP 神经网络，最后使用降维筛选后的变量和优化后的 GA – BP 神经网络模型，对我国地区工业技术创新能力进行了预测。

4.2 指标设计

评价指标应遵循综合性和可获得性的原则，既能全面、综合地描述待评区域工业技术创新能力水平，又能收集到其量化的指标数据。专利申请量作为衡量企业技术创新能力水平的标志被长期广泛使用，相较于新产品销售收入、新产品出口销售收入评价指标而言，专利申请量更加科学、客观和容易获得。因此，本章在借鉴国内有关专家见解的基础上[16~21]，选取全国31个省（市、自治区）规模以上工业企业专利申请量代表区域技术创新能力，作为被解释变量，以反映规模以上工业企业技术创新投入能力和规模以上工业企业技术创新环境支撑能力的15个变量作为解释变量，建立了区域工业企业技术创新能力评价指标体系，见表4-1。

表4-1　区域工业企业技术创新能力评价指标体系

目标层	准则层	指　标　层	代码	计量单位
规模以上工业企业专利申请数（件）	技术创新投入能力	规模以上工业企业 R&D 人员全时当量	V_1	人/年
		规模以上工业企业 R&D 经费	V_2	万元
		规模以上工业企业 R&D 项目数	V_3	项
		规模以上工业企业新产品项目数	V_4	项
		规模以上工业企业开发新产品经费	V_5	万元
		规模以上工业企业单位数	V_6	个
		规模以上工业企业实收资本	V_7	亿元
	技术创新支撑能力	规模以上工业企业国家资本金比例	V_8	%
		规模以上工业企业港澳台及外商资本金比例	V_9	%
		技术市场成交额	V_{10}	亿元
		人均地区生产总值	V_{11}	元/人
		公有经济企事业单位专业技术人员数	V_{12}	人
		普通高等学校数	V_{13}	所
		每十万人口高等学校平均在校生数	V_{14}	人
		教育经费	V_{15}	万元

4.3　模型构建

4.3.1　BP 神经网络

BP 神经网络是一种有监督学习的多层前馈神经网络，也是目前使用最广泛的神经网络模型。当输入节点数为 n，输出节点为 m 时，BP 神经网络可映射为 n 个自变量到 m 个因变量的非线性函数。BP 神经网络模型训练时，按照误差反向传播机制不断调整网络权值和阈值，不断逼近期望输出值，因此，BP 神经网络可以拟合任意连续函数，自我学习，自我组织，灵活性很大。

BP 神经网络一般包含输入层、隐含层和输出层，隐含层层数、神经元个数、学习速度等参数可灵活设定。BP 神经网络一次完整的训练过程可分为初始化网络、计算隐含层输出、计算输出层输出、计算误差、更新权值和更新阈值几个步骤。节点转移函数用于计算隐含层和输出层神经元的输出值，且对预测精度有较大影响。一般而言，隐含层节点选用 tansig 转移函数或 logsig 转移函数，输出节点选用 purelin 转移函数或 tansig 转移函数。

传统 BP 神经网络按照梯度下降的方式修正网络权值和阈值，有容易陷入局部极值，不能搜寻到全局最优解的缺陷[22]。

4.3.2　遗传算法

遗传算法（genetic algorithm，GA）是 1962 年由美国 Michigan 大学 Holland 教授提出的模拟自然界遗传机制和生物进化论而成的一种并行随机搜索最优化方法。GA 同时使用多个搜索点的搜索信息，搜索效率较高；使用概率搜索技术，具有良好的灵活性；在解空间进行高效启发式搜索，而非盲目穷举或完全随机搜索；对目标函数既不要求连续，又不要求可微，因而应用范围广泛；具有并行计算特点，适合大规模复杂问题的优化。以上的诸多优点促使 GA 在非线性、多模型、多目标的函数优化中广为采用，但是 GA 算法计算复杂，难以满足问题实时性要求[23]。

4.3.3　GA－BP 模型

遗传算法对 BP 神经网络模型在两个方面进行了优化：一是利用遗传算法优化 BP 神经网络权值和阈值；二是利用遗传算法筛选输入变量，对变量进行降维处理，去掉多重共线性。

遗传算法优化的 BP 神经网络模型计算过程如图 4－1 所示，主要包含以下步骤：

（1）输入变量编码和初始化种群。根据输入变量个数确定染色体长度，染色体基因取值 "1" 和 "0" 值，"1" 表示基因对应输入变量参与建模，"0" 表示不参与建模。初始化种群，随机产生种群个体。

（2）变量降维。根据优化的 BP 神经网络计算得到的变量染色体适应度函数值，对染色体进行选择、交叉和变异操作，不断迭代进化，最终得到预测误差最小的变量染色体，根据最优变量染色体，得到筛选降维后的输入变量。

（3）建立遗传算法优化的 BP 神经网络。利用遗传算法优化 BP 神经网络权值和阈值，首先将 BP 神经网络全部权值和阈值进行实数编码，构建代表权值和阈值的染色体，染色体长度 $l = i \times h + h + h \times o + o$，其中 i、h、o 分别表示 BP 神经网络输入层神经元数量、隐藏层神经元数量和输出层神经元数量，以测试集数据均方误差的倒数为适应度函数，经选择、交叉、变异操作后，得到 BP 神经网络最优权值和阈值。

（4）模型预测与比较。分别训练遗传算法优化的 BP 神经网络和未优化的 BP 神经网络，输入测试数据集，比较两者的预测误差。

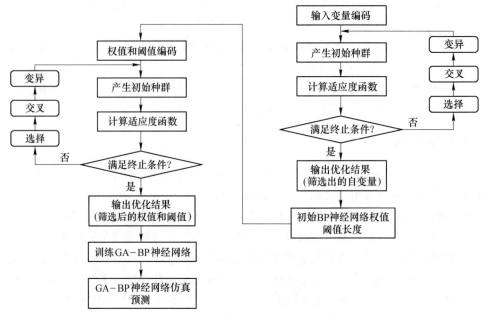

图 4-1 遗传算法优化 BP 神经网络计算过程

4.4 实证分析

4.4.1 数据来源

本章数据来源为国家统计局（http：//www. stats. gov. cn/）2008～2013 年度全国 31 个省（市、自治区）16 项指标数据，共计 155 条数据记录。随机选取其中 124 条数据记录作为训练数据集，剩余 31 条数据记录作为测试数据集。

4.4.2 多重共线性检测

过多的输入变量可能会存在多重共线性，建模之前，必须对输入变量进行降维，否则，会使得所建模型出现复杂度增大，计算时间变长，过度拟合，精度降低等问题。

使用 KMO 和 Bartlett 对输入变量多重共线性的进行检验，KMO 检验变量间的偏相关是否较大，Bartlett 球形检验是判断相关矩阵是否是单位矩阵。经检验，Bartlett 球形检验的概率 Sig. ＝0. 000 < 0. 01，即假设被拒绝，相关系数矩阵与单位矩阵有显著差异，变量之间存在共线性；同时，KMO 值为 0. 815，根据 KMO 度量标准，原变量适合进行降维，见表 4-2。

表 4 – 2　KMO 和 Bartlett 的检验

取样足够度的 Kaiser – Meyer – Olkin 度量		0.815
Bartlett 的球形度检验	近似卡方	4042.859
	df	105
	Sig.	0.000

4.4.3　变量基因编码

利用遗传算法对输入变量进行降维优化计算，首先需要将指标变量映射为基因变量，创建染色体。本章设计染色体长度为输入变量的个数，即 15 位，染色体基因取值为 "0" 或 "1"，"0" 表示对应输入变量不参与建模，"1" 表示对应输入变量参与建模，个体适应度函数值为测试集样本均方误差倒数。经选择、交叉和变异操作，迭代进化后筛选得到最终输入变量见表 4 – 3。

表 4 – 3　筛选后区域工业企业技术创新能力评价指标体系

目标层	指　标　层	代码	计量单位
规模以上工业企业专利申请数（件）	规模以上工业企业 R&D 人员全时当量	V_1	人/年
	规模以上工业企业 R&D 经费	V_2	万元
	规模以上工业企业 R&D 项目数	V_3	项
	规模以上工业企业单位数	V_6	个
	人均地区生产总值	V_{11}	元/人
	公有经济企事业单位专业技术人员数	V_{12}	人
	教育经费	V_{15}	万元

4.4.4　权值和阈值优化

BP 神经网络的学习使用梯度下降算法，最优解容易陷入局部极小化。因此，使用遗传算法从全局寻找最优权值和阈值，优化 BP 神经网络。本章设计 BP 神经网络隐含层 1 个，节点数为 20，节点传递函数使用正切 S 型传递函数 tansig，线性传递函数 purelin，训练函数使用 Levenberg_Marquardt 的 BP 算法训练函数 trainlm。

首先，对 BP 神经网络全部权值和阈值仿照基因编码，构建代表权值和阈值的染色体，染色体长度为 $181 = 7 \times 20 + 20 + 20 \times 1 + 1$，种群数量为 20，进化迭代次数为 1000，以测试集数据均方误差的倒数为适应度函数，经选择、交叉、变异操作后，得到 BP 神经网络最优权值和阈值，将最优权值和阈值赋给 BP 神经网络，得到遗传算法优化后的 BP 神经网络模型。迭代过程如图 4 – 2 所示。

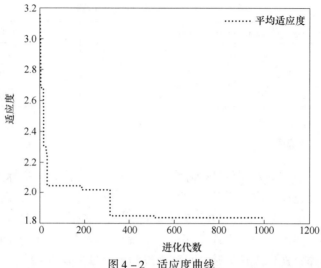

图4-2 适应度曲线

4.4.5 仿真对比测试

将测试集样本分别输入到遗传算法优化的 BP 神经网络模型和未优化的 BP 神经网络模型,进行仿真测试,输出两个模型测试的误差总和、均方根误差和误差百分比,见表4-4、图4-3~图4-6。

表4-4 实验对比测试结果

网络类型	误差总和	均方根误差	平均误差百分比/%
BP 神经网络	87830	4162	4.73
GA-BP 神经网络	69007	3095	4.07

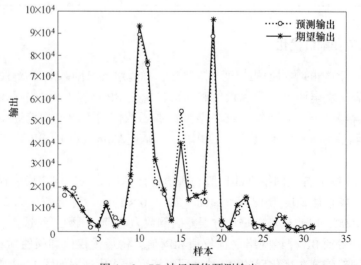

图4-3 BP 神经网络预测输出

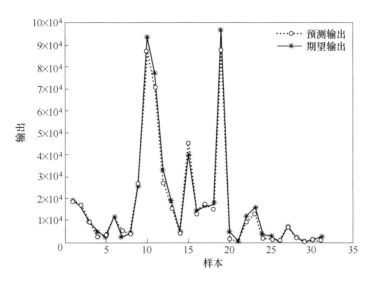

图 4－4　GA－BP 神经网络预测输出

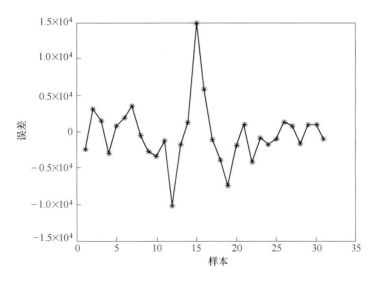

图 4－5　BP 神经网络预测误差

可以看出，相同测试数据集，GA－BP 神经网络模型预测效果优于 BP 神经网络模型。BP 神经网络预测误差总和、均方根误差、平均误差百分比分别为 87830、4162 和 4.73%，GA－BP 神经网络预测误差总和、均方根误差、平均误差百分比分别为 69007、3095 和 4.73%。31 个样本测试点，除 1 个预测误差较大之外，其余预测误差波动范围均较小。

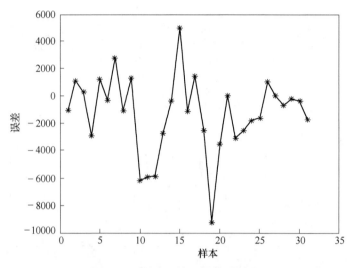

图4-6　GA-BP神经网络预测误差

4.5　结论

当前技术创新能力评价方法大多建立在线性模型的基础上，很难真实描述技术创新能力和影响因素之间复杂的非线性关系，且技术创新能力影响因素较多，变量间可能存在大量重复信息和多重共线性，直接使用变量建模，会使得模型复杂，准确率降低。针对现有评价方法的以上两个缺陷，本章提出了遗传算法优化的 BP 神经网络模型，在以下几个方面做了改进：

（1）遗传算法降维。首先对输入变量间是否存在多重共线性进行了 KMO 和 Bartlett 球形检验，检验结果表明，区域工业技术创新能力影响因素变量之间存在多重共线性，因此，使用遗传算法对输入变量进行降维，得到筛选后的输入变量。

（2）神经网络模型拟合非线性关系。当前评价方法以线性假设模型为主，难以描述企业创新能力和影响因素之间复杂的非线性关系，而 BP 神经网络模型反向传播训练样本误差，不仅能调整网络权值和阈值，拟合任意非线性关系，更适合企业技术创新能力评价研究。

（3）遗传算法优化 BP 神经网络。BP 神经网络学习过程中因为使用梯度下降算法改进权值和阈值向量，解向量容易过早拟合，陷入局部最优解。因此，本章引入遗传算法，模拟生物进化过程中的竞争淘汰机制从全局搜寻 BP 神经网络权值和阈值，修正了 BP 神经网络的过早拟合的缺陷。

仿真对比测试结果表明，GA-BP 神经网络模型预测精度高于 BP 神经网络模型。由于区域规模以上工业企业技术创新能力的数据量较小，网络权值和阈值还不太稳定，因此，遗传算法优化的 BP 神经网络模型的优越性和实用性还有待进一步验证。

参 考 文 献

[1] Guan J C, Yam R C M, Mok C K. A study of the relationship between competitiveness and technological innovation capability based on DEA models. [J] European Journal of Operational Research. 2006, 170 (3): 971 ~ 986.

[2] 牛泽东，张倩肖. 中国装备制造业的技术创新效率 [J]. 数量经济技术经济研究, 2012 (11): 51 ~ 66.

[3] Lu Iuan - Yuan, Chen Chie - Bein, Wang Chun - Hsien. Fuzzy multiattribute analysis for evaluating firm technological innovation capability [J]. International Journal of Technology Management, 2007, 40 (1 ~ 3): 114 ~ 130.

[4] 张少泽，张春瀛，孟庆洋. 基于主成分分析法的我国区域技术创新能力综合评价 [J]. 经济导刊, 2013 (3): 1 ~ 6.

[5] Berger Martin, Diez Javier Revilla. Do firms require an efficient innovation system to develop innovative technological capabilities? Empirical evidence from Singapore, Malaysia and Thailand [J]. International Journal of Technology Management, 2006, 36 (1 ~ 3): 267 ~ 285.

[6] Wu Ching - Yan. Comparisons of technological innovation capabilities in the solar photovoltaic industries of Taiwan, China and Korea [J]. Scientometrics, 2014, 98 (1): 429 ~ 446.

[7] Corsatea Teodora Diana. Technological capabilities for innovation activities across Europe: Evidence from wind, solar and bioenergy technologies [J]. Renewable & Sustainable Energy Reviews, 2014 (37): 469 ~ 479.

[8] Son Hyun - Chul, Kim Sunghong. Impacts of innovation success factors on technological innovation capability and innovation performance [J]. Journal of the Korean Production and Operations Management Society, 2013, 24 (3): 409 ~ 430.

[9] 汪志波. 基于 AHP - 灰色关联度模型的企业技术创新能力评价 [J]. 统计与决策, 2008 (4): 51 ~ 53.

[10] 陈全润，杨翠红. "类逐步回归" 变量筛选法及其在农村居民收入预测中的应用 [J]. 系统工程理论与实践, 2008 (11): 16 ~ 22.

[11] 赵志强，张毅，胡坚明，等. 基于 PCA 和 ICA 的交通流量数据压缩方法比较研究 [J]. 公路交通科技, 2008, 25 (11): 109 ~ 113.

[12] 王惠文，仪彬，叶明. 基于主基底分析的变量筛选 [J]. 北京航空航天大学学报, 2008, 34 (11): 1288 ~ 1291.

[13] 钱国华，苟鹏程，陈峰，等. 偏最小二乘法降维在微阵列数据判别分析中的应用 [J]. 中国卫生统计, 2007, 24 (2): 120 ~ 123.

[14] 卢文喜，李俊，于福荣，等. 逐步判别分析法在筛选水质评价因子中的应用 [J]. 吉

林大学学报（地球科学版），2009，39（1）：126～130.

[15] 祝诗平，王一鸣，张小超，等. 基于遗传算法的近红外光谱谱曲选择方法 [J]. 农业机械学报，2004，35（5）：152～156.

[16] Cho，조근식. Analysis of determinants of technological innovation：Focused on organization's innovation capability [J]. The Korea Public Administration Journal，2013，22（4）.

[17] 강석민，Min‐Kyo Seo. An Empirical Study on Technological Cooperation，Innovation，and Absorptive Capability [J]. Journal of Industrial Economics and Business，2013，26（2）.

[18] 石书德. 企业技术创新能力评价研究评述 [J]. 科技管理研究，2013（10）：13～16.

[19] 任远，吕永波，刘建生，等. 企业技术创新能力区域评价与分布特征研究 [J]. 中国科技论坛，2013（5）：110～117.

[20] 王宝，高峰，姬贵林. 典型重工业城市企业技术创新能力评价及提升对策研究——以兰州市为例 [J]. 开发研究，2013（1）：84～88.

[21] 高霞. 规模以上工业企业技术创新效率的行业分析 [J]. 软科学，2013，27（1）：58～65.

[22] 蔡云，张靖妤. 基于 BP 神经网络优化算法的工业企业经济效益评估 [J]. 统计与决策，2012（10）：65～68.

[23] 陈再高，王建国，王玥，等. 基于粒子模拟和并行遗传算法的高功率微波源优化设计 [J]. 物理学报，2013，62（16）：448～453.

5 GRNN 模型在工业技术创新水平预测中的应用

5.1 引言

熊彼特认为创新所带来的"革命性变化"是经济发展的本质，技术进步带动了经济发展，决定了经济增长[1]。技术创新不仅极大提升社会生产效率，同时创造新兴产业，是经济升级和产业结构调整的关键。工业是技术创新最重要的载体，工业企业的技术创新能力不仅决定了所在产业的技术创新水平，而且很大程度上规定着整个国家技术创新的高度。建立科学可行的影响因素指标体系和选择科学有效的预测方法，是探究工业技术创新水平背后的推动机制，因地制宜地制定自主创新战略的前提和基础。

在工业技术创新研究方面，国外学者的研究主要集中在微观的企业层次[2~8]，而国内学者的研究则主要集中在宏观的区域和产业层次[9~18]。从影响因素来看，工业企业创新的影响因素可分为直接投入因素和环境因素两类，直接投入因素主要为研发资金和研发人员的投入，环境因素一般包括市场结构、产权结构、研发支出结构、企业规模、人员素质、外商直接投资、政府资助力度、地区经济发展水平等。从研究方法来看，工业企业创新研究方法主要有随机前沿法、数据包络法、最小二乘法、非线性面板门限模型、Bootstrap 方法、Tobit 模型、Malmquist 生产率指数分析法、模糊多属性决策方法、神经网络算法等[2~18]。

工业技术创新研究有如下特点：一是技术创新水平影响因素很多，变量之间难以使用线性模型进行描述；二是宏观统计数据样本量少，且不稳定；三是模型涉及多个输入变量和多个输出变量。现有的工业技术创新研究方法有如下不足：一是研究方法主要是衡量技术创新效率的随机前沿法（SFA）和数据包络法（DEA），分析技术创新水平与影响因素的数量关系，实现对技术创新水平有效预测的研究方法较少；二是个别研究所构建的计量模型也主要是假设符合一定生产函数的线性回归模型，需要较多的先验知识，且很难反映因变量和自变量之间复杂的非线性关系；三是常用的 BP 神经网络模型不需要建模对象过多的先验知识，能够映射因变量和自变量之间任意的非线性关系，但 BP 神经网络搜寻参数过多，且采用梯度下降的搜寻方法，因此，BP 神经网络容易陷入局部极值，收敛速度慢，同时，当训练样本量少或噪声较多时，BP 神经网络模型不稳定，预测误差较大[19]。广义回归神经网络以样本量集聚最多的优化回归面作为终止条件，具有很强的非线性函数逼近能力，整个训练过程只需调整一个 SPREAD 扩展参数，具有计算速度方面的优势，且广义回归神经网络可以处理小样本和不稳定数据。因此，本章首先建立工业技术创新能力影响因素指标体系，利用 2009～2013 年全国 31 个省（市、自治区）规模以上工业企业技术创新数据，使用广义回归神经网络模型和 BP 神经网络模型对区域工业技术创新水平做了对比仿真预测，验证了广义回归神经网络模型的实用性和有效性。

5.2 指标设计

波特钻石理论模型认为，产业竞争优势来源于四个基本要素和两个辅助要素的整合，四个基本要素是生产要素、需求条件、辅助行业和企业战略，两个辅助因素是机遇和政府功能[20]。借鉴国内外专家研究结论，本章认为工业企业技术创新受到企业微观环境、产业中观环境和区域宏观环境三个层次因素的影响，遵循综合性和数据易得性的原则，既全面、综合地描述待评地区工业技术创新情况，又能收集到指标量化数据，本文最终选取研发经费投入、研发人员投入、企业规模、产权结构、研发支出结构 4 个企业环境因素，市场结构、外商直接投资 2 个产业环境因素，政府资助力度、地区经济发展水平 2 个区域环境因素来综合考察工业技术创新活动。

（1）专利申请量和新产品销售收入。工业技术创新过程分解为技术开发和技术转化两个阶段。技术开发阶段是创新活动的第一个阶段，以知识技术类为主要产出形式，包括专利和非专利技术。技术转化阶段是将知识性的科技成果转化为满足市场需求的商品的过程，以新产品或新工艺为主要产出形式[21]。本章借鉴国内外有关专家见解，分别使用地区规模以上工业企业专利申请数和新产品销售收入 2 个指标作为因变量，分别表征技术开发阶段和技术转化阶段的产出，综合反映区域工业企业技术创新情况。

（2）研发经费和研发人员。研发活动最直接的投入要素就是研发经费和研发人员，因此，研发经费和研发人员投入是企业技术创新的生命和研发活动实现的关键。根据不同的研究目的，研发经费和研发人员的投入有不同的计量方法，本章选取地区规模以上工业企业研发经费和规模以上工业企业研发人员全时当量作为两者的衡量指标。

（3）产权结构。国有资本和国有企业是产权结构考虑的重点。国有企业的创新活动存在两面性：一方面，国有企业在体制上具有先天优势，知识和资本的存量远高于非国有企业，同时还会享受到政府较多的科技优惠政策[17]；但另一方面，国有企业如果监管不到位，容易产权虚置，严重的委托代理问题会对经理行为的长期性和企业的激励机制产生消极影响，也容易导致研发经费和人力的浪费，从而降低企业技术创新效率[18]。本章采用国家资本金占规模以上工业企业实收资本的比重作为企业产权结构的衡量指标。

（4）企业规模。企业规模与创新效率的关系存在较多争论。Scherer 和 Ross 认为企业规模的不断扩大不仅会带来外部市场的垄断，也会导致企业内部管控能力的下降，两者最终都将损害企业技术创新效率[22]。Pavitt 等认为创新效率和企业规模之间呈现 U 形关系，即较小和较大企业的创新效率高于中等企业[23]。Chen 等认为企业创新具有一定的规模经济性，需要投入大量资金和人力，小企业往往资金匮乏，且融资渠道狭窄，往往选择模仿创新，而大企业规模较大，可以分摊高额的研发成本和多渠道融资解决技术创新的前期投入，有条件和能力开展较大范围的技术创新活动[24]。本章使用各地区规模以上工业企业的平均产值来衡量企业规模。

（5）企业研发支出结构。技术引进经费支出、消化吸收经费支出、购买国内技术经费支出和技术改造经费支出是企业研发经费投入的主要用途。日、韩等国经验证明，在技术引进、消化吸收基础上的再创新模式是技术落后国家和企业实现技术追赶，提高技术创新能力的重要捷径。本章使用技术引进与消化吸收经费的支出比值来衡量企业研发支出结构。

（6）市场结构。市场结构对技术创新效率的影响也存在不同的争论。以 Schumpeter 为代表的部分学者认为市场集中度越高，企业越能独占研发收益，技术创新的动力越大，因此，垄断与研发密切相连[25]。但国内外多数研究认为，市场垄断窒息企业创新，充分的竞争才能激发企业技术创新的动力[26]。本章使用各地区规模以上工业企业数来表示市场结构因素。

（7）外商直接投资。外资进入会带来市场竞争压力和技术创新溢出效应，激发当地企业技术创新活力，但外资进入也会挤占国内企业市场份额，"挤占效应"占据主导时，当地企业的发展和技术创新将会受到抑制[17]。因此，外商直接投资（foreign direct investment，FDI）对企业技术创新存在两种截然相反的影响。本章采用外商及港澳台商投资工业企业个数占地区大中型工业企业的比重作为 FDI 的衡量指标。

（8）政府资助力度。企业研发活动需要政府资助，是因为基础创新领域存在"市场失灵"的情况。基础创新活动具有公共物品的属性，经费投入大，研发周期长，风险高，但研发收益无法独占，因此企业投资的积极性大大降低，政府需要通过税收优惠政策和拨款对企业基础研发活动进行扶持，降低企业的研发成本和风险，克服"市场失灵"情况。但不当的政府投入也会在一定程度上削减企业的研发规模，对企业研发投资产生"挤出效应"，降低企业的技术创新效率[27,28]。本章使用政府资金占规模以上工业企业内部研发经费支出的比重作为地区政府资助力度的衡量指标。

（9）地区经济发展水平。一般而言，地区经济发展水平越高，本地市场客户对产品、服务的品质要求就越高，其需求越有可能领先于其他地区客户需求，进而刺激企业通过技术创新提高产品或服务的品质，创造领先时代和潮流的竞争优势。本章采用人均国内生产总值来代表地区经济发展水平。

工业企业技术创新影响因素及衡量指标见表 3 - 1。

5.3　GRNN 模型

广义回归神经网络（generalized regression neural network，GRNN）是径向基神经网络的一种，具有设计简单、收敛快等优势，因此在复杂非线性系统建模中得到了广泛应用。广义回归神经网络由美国学者 Donald F. Specht 在 1991 年提出，由输入层、径向基隐含层和线性输出层组成，其理论推导公式及网络结构见第 1 章内容。广义回归神经网络建模的步骤如下[29,30]：

（1）在训练网络之前对原始数据进行预处理，预处理的方法有多种，本章采用归一化处理方法，即将所有的输入、输出训练数据变换到 [-1, 1]。

（2）根据训练样本确定网络的输入、输出数据的维数。

（3）确定光滑因子。由于光滑因子对网络的性能影响比较大，光滑因子越小，网络对样本的逼近性能就越强；光滑因子越大，网络对样本数据的逼近过程就越平滑。因此，需要不断尝试才可能获得最佳值。

（4）验证网络的正确性。网络训练好后，测试数据作归一化处理能输入网络，然后对网络输出作反变换，即将输出变量还原到原来单位，验证模型预测的准确性。

5.4　实证分析

5.4.1　数据来源及预处理

本章所用数据为国家统计局（http：//www. stats. gov. cn/）2009 ~ 2013 年度全国 31 个省（市、自治区）面板数据，共计 155 条数据记录。

企业技术创新过程需要经历研发投入、新专利发明、新产品商业化三个阶段，因此，创新具有滞后性。但创新的时滞效应还没有统一的标准，从几个月到几年不等。为统一口径，本章选择 1 年作为创新滞后时间，创新产出为 2009 ~ 2013 年数据，创新投入为 2008 ~ 2012 年数据。

同时，不同变量间存在较大的数据量级差别，必须对数据进行归一化处理以消除数据量纲，否则，数据量级差别会造成网络预测误差较大。本章将数据归一到 [-1, 1] 区间，计算公式如下：

$$x_k = 2(x_k - x_{min})/(x_{max} - x_{min}) - 1 \tag{5-1}$$

式中，x_{max}、x_{min} 分别为数据序列最大值和最小值。

5.4.2 模型训练和交叉验证

将 2009 ~ 2013 年度全国 31 个分省（市、自治区）面板数据，共计 155 条数据记录，分为输入变量数据和输出变量数据两部分，两部分数据中利用 2009 ~ 2012 年 31 个省（市、自治区）3 年共计 124 条数据记录作为网络训练样本数据，2013 年 31 个省（市、自治区）共计 31 条数据记录作为外推网络测试样本数据。

由于训练数据较少，本章采用 K 折交叉验证方法（K – fold cross validation）训练 GRNN 神经网络，并用循环找出最佳的 SPREAD 扩展参数值。本章使用 K 折交叉验证方法将样本分为 5 个相斥的子集，其中 4 个子集用来训练，剩下的 1 个子集用来测试。该过程循环 5 次，每次选取不同的子集作为测试集。K 折交叉验证方法可有效避免过学习及欠学习状态的发生，最后训练得到的网络模型也比较具有说服性。

5.4.3 仿真对比预测

将测试集样本分别输入到 GRNN 神经网络模型和 BP 神经网络模型，进行仿真测试，输出两个模型测试的误差总和、均方根误差和误差百分比，见表 5 – 1、图 5 – 1 ~ 图 5 – 6。

表 5 – 1 实验对比测试结果

网络类型	误差总和		均方根误差		平均误差百分比	
	专利申请数/万件	新产品销售收入/百万元	专利申请数/万件	新产品销售收入/百万元	专利申请数/%	新产品销售收入/%
GRNN 神经网络	1.4131	27.0540	0.0724	1.2069	0.5425	1.4271
BP 神经网络	5.9041	111.1500	0.2539	4.7635	268.6022	165.7787

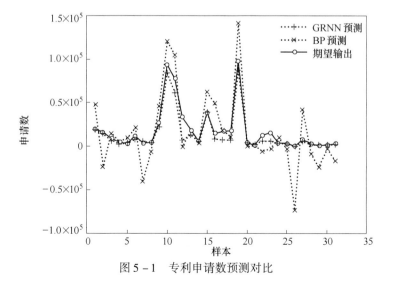

图 5 – 1 专利申请数预测对比

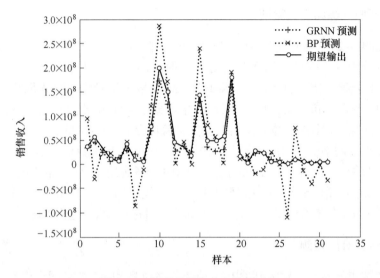

图 5-2　新产品销售收入预测对比

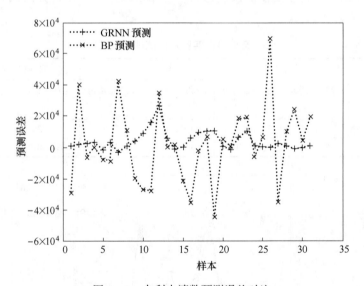

图 5-3　专利申请数预测误差对比

从表 5-1 可以看出，相同测试数据集，BP 神经网络在专利申请数和新产品销售收入的预测误差总和、均方根误差、平均误差百分比分别为 5.9041、0.2539、268.6022 和 111.1500、4.7635、165.7787，GRNN 神经网络在专利申请数和新产品销售收入的预测误差总和、均方根误差、平均误差百分比分别为 1.4131、0.0724、0.5425 和 27.0540、1.2069、1.4271，GRNN 神经网络预测效果明显优于 BP 神经网络。

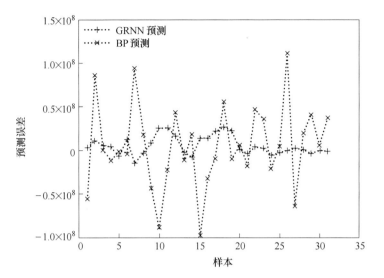

图 5-4 新产品销售收入预测误差对比

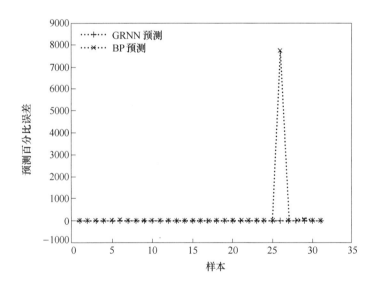

图 5-5 专利申请数预测百分比误差对比

在专利申请数和新产品销售收入预测上，GRNN 网络对期望值的拟合远优于 BP 神经网络，预测误差波动幅度远小于 BP 神经网络。31 个样本测试点，除个别点预测误差较大之外，其余预测误差波动范围均较小。专利申请数预测准确度高于新产品销售收入预测，说明新产品销售收入相对于专利申请数受到更多不确定因素的影响。

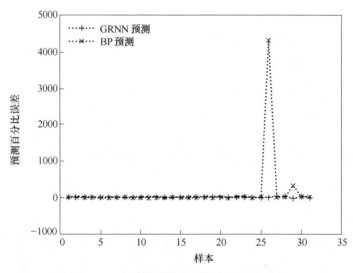

图 5-6 新产品销售收入百分比误差对比

5.5 结论

针对现有工业技术创新研究的空白和不足，本章建立了工业技术创新水平影响因素指标体系，并提出了有效预测工业技术创新水平的广义回归神经网络模型（GRNN），在以下几个方面做了改进：

（1）提出了预测技术创新水平的新方法。现有的工业技术创新研究主要采用随机前沿法（SFA）和数据包络法（DEA）从投入产出的角度研究技术创新效率问题，而分析技术创新能力与影响因素的数量关系，实现对技术创新能力有效预测的研究较少。部分学者所建立的预测模型也主要是建立在线性基础上，符合一定生产函数的计量经济模型，难以描述企业创新能力和影响因素之间复杂的非线性关系。广义回归神经网络（GRNN）具有非线性映射能力强，所需先验知识少，调整参数少，小样本数据和不稳定数据处理能力强等优点。针对现有研究的空白和不足，本章提出了利用广义回归神经网络模型（GRNN）来研究工业创新能力和影响因素之间的关系，预测工业技术创新能力。仿真测试结果表明，GRNN 模型拟合效果较好。模型提出也为进一步研究工业技术创新影响因素对创新水平的影响大小和影响方向奠定了基础。

（2）调整参数少，避免了 BP 神经网络的不足。BP 神经网络以梯度下降的方式搜寻全部网络权值和阈值，需要调整的参数较多，容易陷入局部极值，模型收敛速度也比较慢，同时当数据样本小或数据不稳定时，模型学习不足，模型预测不稳定。GRNN 则只需调整 SPREAD 一个扩展参数，就可以处理小样本和不稳定的数据，模型最终收敛于样本量集聚最多的优化回归面，因此，GRNN 网络具有分类能力和逼近能力强，计算速度快等优势。

（3）使用交叉验证法，克服了小样本数据导致的模型不稳定缺陷。宏观经济类问题的研究，样本数据量一般较小，而神经网络一般需要大量的样本数据输入训练，才能使模型学习充分，预测稳定。GRNN 本身具有处理小样本数据的优势，同时本章又采取了 K 折交叉验证法训练 GRNN 模型，避免了过学习及欠学习状态的发生，实证结果表明训练后的 GRNN 模型具有较强的稳定性。

参 考 文 献

[1] 约瑟夫·熊彼特. 经济发展理论 [M]. 北京：商务印书馆，1990：7~8.

[2] Stock G N, Greis N P, Fischer W A. Firm size and dynamic technological innovation [J]. Technovation, 2002, 22 (9): 537~549.

[3] Taylor M R, Rubin E S, Hounshell D A. Effect of government actions on technological innovation for SO_2 control [J]. Environmental Science & Technology, 2003, 37 (20): 4527~4534.

[4] Guan J C, Yam R C M, Mok C K. A study of the relationship between competitiveness and technological innovation capability based on DEA models [J]. European Journal of Operational Research, 2006, 170 (3): 971~986.

[5] Lu Iuan – Yuan, Chen Chie – Bein, Wang Chun – Hsien. Fuzzy multiattribute analysis for evaluating firm technological innovation capability [J]. International Journal of Technology Management, 2007, 40 (1~3): 114~130.

[6] Wu Ching – Yan. Comparisons of technological innovation capabilities in the solar photovoltaic industries of Taiwan, China and Korea [J]. Scientometrics, 2014, 98 (1): 429~446.

[7] Corsatea Teodora Diana. Technological capabilities for innovation activities across Europe: Evidence from wind, solar and bioenergy technologies [J]. Renewable & Sustainable Energy Reviews, 2014 (37): 469~479.

[8] Son Hyun – Chul, Kim Sunghong. Impacts of innovation success factors on technological innovation capability and innovation performance [J]. Journal of the Korean Production and Operations Management Society, 2013, 24 (3): 409~430.

[9] 冯宗宪，王青，侯晓辉. 政府投入、市场化程度与中国工业企业的技术创新效率 [J]. 数量经济技术经济研究，2011 (4): 3~17.

[10] 李博，李启航. 经济发展、所有制结构与技术创新效率 [J]. 中国科技论坛，2012 (3): 29~35.

[11] 刘伟，李星星. 中国高新技术产业技术创新效率的区域差异分析——基于三阶段 DEA 模型与 Bootstrap 方法 [J]. 财经问题研究，2013 (8): 20~28.

[12] 高霞. 规模以上工业企业技术创新效率的行业分析 [J]. 软科学，2013, 27 (11): 58~61.

[13] 戴卓，代红梅. 中国工业行业的技术创新效率研究——基于随机前沿模型 [J]. 经济

经纬, 2012 (4)：90~94.

[14] 牛泽东, 张倩肖. 中国装备制造业的技术创新效率 [J]. 数量经济技术经济研究, 2012 (11)：51~67.

[15] 代碧波, 孙东生, 姚凤阁. 我国制造业技术创新效率的变动及其影响因素——基于 2001-2008年29个行业的面板数据分析 [J]. 情报杂志, 2012, 31 (3)：185~191.

[16] 张娜, 杨秀云, 李小光. 我国高技术产业技术创新影响因素分析 [J]. 经济问题探索, 2015 (1)：30~35.

[17] 张海洋、史晋川. 中国省际工业新产品技术效率研究 [J]. 经济研究, 2011 (1)：83~96.

[18] 吴延兵. 创新的决定因素——基于中国制造业的实证研究 [J]. 世界经济文汇, 2008 (2)：46~58.

[19] 蔡云, 张靖妤. 基于 BP 神经网络优化算法的工业企业经济效益评估 [J]. 统计与决策, 2012 (10)：63~66.

[20] 迈克尔·波特. 国家竞争优势 [M]. 北京：中信出版社, 2007.

[21] 郑坚, 丁云龙. 高技术产业技术创新效率评价指标体系的构建 [J]. 哈尔滨工业大学学报 (社会科学版), 2007, 9 (6)：105~108.

[22] Scherer F M, Ross D. Industrial market structure and economic performance [M]. Houghton Mifflin Company, 1990.

[23] Pavitt K, Robson M, Townsend J. The size distribution of innovating firms in the UK：1945~1983 [J]. Journal of Industrial Economics, 1987, 35 (3)：297~316.

[24] Chen C T, Chien C F, Lin M H, et al. Using DEA to evaluate R&D performance of the computers and peripherals firms in Taiwan [J]. International Journal of Business, 2004, 9 (4)：347~359.

[25] Schumpeter J A. Capitalism, socialism and democracy [M]. New York：Harper & Row, 1942.

[26] Arrow K. Economic welfare and the allocation of resources for invention [M]. Princeton：Princeton University Press, 1962.

[27] Guellec D, Pottelsberghe B V. The effect of public expenditure to business [R]. R&D, OECD STI Working Paper, 2000.

[28] Wallsten S J. The effects of programs on private R&D：The government industry R&D case of the small business innovation research program [J]. Rand Journal of Economics, 2000, 31 (1)：82~100.

[29] 叶姮, 李贵才, 李莉, 等. 国家级新区功能定位及发展建议——基于 GRNN 潜力评价方法 [J]. 经济地理, 2015, 35 (2)：92~99.

[30] 覃光华, 宋克超, 周泽江, 等. 基于 WA-GRNN 模型的年径流预测 [J]. 四川大学学报 (工程科学版), 2013, 45 (6)：39~46.

聚类分析在区域工业企业技术创新能力评价中的应用

工业是技术创新最重要的载体，工业企业的技术创新能力不仅决定了所在产业的技术创新水平，而且很大程度上规定着整个国家技术创新的高度，从区域角度研究工业企业技术创新能力，有助于认识各区域在技术创新能力方面的优劣势，找出影响各区域工业技术创新能力的主要因素，从而有针对性地提出提升工业技术创新能力的对策建议和制定符合区域实际的自主创新战略。

6.1 研究综述

对区域工业企业技术创新能力进行实证评价的关键问题，是建立科学可行的评价指标体系和选择科学有效的评价方法。

6.1.1 评价指标

石书德将企业技术创新能力评价指标体系归结为三种视角，即基于创新能力构成要素视角、基于投入—过程—产出视角、基于技术创新能力系统视角[1]；陶爱萍、宗查查、李艺、张少泽、赵玉林、王宝等人构建了技术创新投入能力、技术创新产出能力、技术创新支撑能力三部分组成的工业技术创新能力指标体系[2~6]；任远等人构建了创新基础、创新资源投入能力、创新活动能力、创新产出能力、创新环境利用能力组成的企业技术创新能力评价指标体系[7]；汪志波构建了技术创新载体、创新资源投入、创新成果产出、技术创新效益、技术创新管理组成的企业技术创新能力评价指标体系[8]；王帆等人从顾客知识的角度构建了顾客知识管理能力、创新决策能力、学习能力、研发能力、生产销售能力、文化和激励机制、市场采纳度组成的企业技术创新能力评价指标体系[9]；吴岩建立了由内部资源、创新条件、人才基础、产业状况、环境因素构成的科技型中小企业技术创新能力评价指标体系[10]。

6.1.2 评价方法

在评价方法的研究方面，陶爱萍等人以 1995~2000 年安徽省统计数据，运用因子分析法，对安徽省工业企业技术创新能力进行了综合评价[2]；李艺综合应用因子分析和聚类分析法，以 2011 年安徽省各城市技术创新统计数据为基础，对安徽省 17 个城市的技术创新能力进行了评价[3]；张少泽运用因子分析法和

2009 年各省（市、自治区）统计数据，对全国各省（市、自治区）的技术创新能力进行了评价[4]；赵玉林以 1998~2006 年中国高技术产业相关统计数据，利用空间面板模型分析，从产业集聚的视角对区域高技术产业技术创新能力进行了实证分析[5]；任远使用综合加权法，以 2010 年的统计数据测算了各省、自治区、直辖市的企业技术创新能力[7]；汪志波和王帆在研究中分别提出了 AHP - 灰色关联度模型和模糊综合评判的评价方法[8,9]；吴岩利用主成分分析法对调查的 85 个科技型中小企业技术创新能力的影响因素进行实证研究[10]。

6.2 指标设计

评价指标遵循综合性和可获得性的原则，既全面、综合地描述待评区域工业技术创新能力现有的水平，又能收集到其量化的指标数据。根据以上原则，综合国内有关专家的见解[1~9]，本章尝试性构建区域工业企业技术创新能力评价指标体系，见表 6 - 1。指标体系由目标层、准则层、指标层三层及 15 个评价变量构成。

表 6 - 1 区域工业企业技术创新能力评价指标体系

目标层	准则层	指 标 层	代码	计量单位
区域工业企业技术创新能力	技术创新投入能力	规模以上工业企业 R&D 人员全时当量	V_1	人/年
		规模以上工业企业 R&D 经费	V_2	万元
		规模以上工业企业 R&D 项目数	V_3	项
	技术创新产出能力	规模以上工业企业新产品项目数	V_4	项
		规模以上工业企业开发新产品经费	V_5	万元
		规模以上工业企业新产品销售收入	V_6	万元
		规模以上工业企业新产品出口销售收入	V_7	万元
		规模以上工业企业专利申请数	V_8	件
	技术创新支撑能力	公有经济企事业单位专业技术人员数	V_9	人
		技术市场成交额	V_{10}	亿元
		人均地区生产总值	V_{11}	元/人
		外商及港澳台商投资工业企业实收资本	V_{12}	亿元
		普通高等学校数	V_{13}	所
		每十万人口高等学校平均在校生数	V_{14}	人
		教育经费	V_{15}	万元

6.3 实证分析

6.3.1 数据获取

本章所用数据是来自国家统计局官网（http：//www.stats.gov.cn/）地区数

据中的分省数据。由于不同变量间存在较大的数据量级的差别，因此对数据变量采取 Z 得分值标准化的方法进行标准化计算。

标准化方法 Z scores（Z 得分值）计算公式如下：

$$y_i = \frac{x_i - \bar{x}}{S} \tag{6-1}$$

式中，y_i 为标准化后的数据；x_i 为原始数据；$\bar{x}$ 为样本均值；S 为样本标准差。

6.3.2 因子分析

构建的创新能力评价指标体系综合考虑了诸多因素，在尽量不遗漏可能的评价指标的基础上构造，因此指标构建比较全面。但是存在的主要问题是，部分指标间存在逻辑上的相关性而使指标产生冗余，有必要通过相关性分析删除部分不是十分重要但又与其他指标相关性较高的评价指标。

因子分析是利用降维方法进行统计分析的一种多元统计方法，是主成分分析的推广和发展。因子分析研究相关矩阵或协方差矩阵的内部依赖关系，将多个变量综合为少数几个因子，并保证信息损失最小和因子间不具有显著相关性。

因子分析过程是将多个变量表示为较少的因子，数学模型如下：

设原有 n 个变量（$x_1, x_2, \cdots, x_n$），且每个变量（经标准化处理）的均值为 0，方差为 1；现将原有变量用 k（$k < n$）个因子（$f_1, f, \cdots, f_k$）的线性组合表示为 $\boldsymbol{X} = \boldsymbol{AF} + \boldsymbol{\varepsilon}$，即有：

$$\begin{pmatrix} x_1 \\ x_2 \\ \vdots \\ x_n \end{pmatrix} = \begin{pmatrix} a_{11} & a_{12} & \cdots & a_{1k} \\ a_{21} & a_{22} & \cdots & a_{2k} \\ \vdots & \vdots & & \vdots \\ a_{n1} & a_{n2} & \cdots & a_{nk} \end{pmatrix} \times \begin{pmatrix} f_1 \\ f_2 \\ \vdots \\ f_k \end{pmatrix} + \begin{pmatrix} \varepsilon_1 \\ \varepsilon_2 \\ \vdots \\ \varepsilon_n \end{pmatrix}$$

其中 $\boldsymbol{X}$ 为可观测的 n 维变量向量，它的每一个分量 x_i 表示一个指标或变量；$\boldsymbol{F}$ 称为因子变量，每一个分量表示一个因子。由于它们出现在每一个原始变量的线性表达式中，所以又称公用因子。矩阵 $\boldsymbol{A}$ 为因子载荷矩阵，其元素 a_{ij} 称为因子载荷；ε 称为特殊因子，表示原始变量中不能由因子解释的部分，均值为 0。

因子分析的基本思想是，通过对变量的相关系数矩阵的内部结构进行分析，从中找出少数几个能够控制原始变量的因子 $f_1, f_2, \cdots, f_k$，再现原始变量之间的相互关系，达到简化变量、降低变量维数和对原始变量的再解释和命名的目的[11]。

6.3.2.1 KMO 检验和 Bartlett 球形检验

KMO 检验给出抽样充足量的测度，检验变量间的偏相关系数是否过小。Bartlett 球形检验用于检验相关系数矩阵是否为单位矩阵，如果是单位矩阵，则表明不适合采用因子模型。经 SPSS 检验，见表 6-2，Bartlett 球度检验的概率 Sig. = 0.000 < 0.01，即假设被拒绝，相关系数矩阵与单位矩阵有显著差异。同时，KMO 值为 0.784，根据 KMO 度量标准，原变量适合进行因子分析。

表 6 – 2　**KMO 和 Bartlett 的检验**

取样足够度的 Kaiser – Meyer – Olkin 度量		0.784
Bartlett 的球形度检验	近似卡方	1068.321
	df	105
	Sig.	0.000

6.3.2.2　主因子提取

运用 SPSS20.0 软件对标准化后的数据矩阵求出相关矩阵，再求出协方差矩阵的特征根和特征向量。计算各主成分的贡献率，并按累积贡献率提取主因子，以累积贡献率达到 85% 为准则，提取前 k 个主因子，当前 k 个主因子的方差累积贡献率超过 85%，可认为这 k 个主因子反映足够的信息量，因此可以用来解决实证问题。因子分析过程中，以主因子为标准提取因子，采用具有 Kaiser 标准化的正交旋转法对因子荷载矩阵进行旋转，可得到旋转后的因子特征值和贡献率以及旋转后的因子载荷矩阵。

从表 6 – 3 和图 6 – 1 可以清楚地得知，所提取的两个主因子累积贡献率为 93.755%，大于 85%，所以所提取主因子有效，可以认为原来的 15 个指标可以综合成三个主因子——F_1、F_2 和 F_3。根据因子分析原理，两个主因子之间不具有相关性，而每个因子与其所包含的变量之间具有高度相关性。表 6 – 4 为每个主因子与其所包含的原始指标之间的相关性系数。

表 6 – 3　**因子解释的总方差**

成　分	初始特征值			提取平方和载入			旋转平方和载入		
	合计	方差的百分比/%	累积百分比/%	合计	方差的百分比/%	累积百分比/%	合计	方差的百分比/%	累积百分比/%
1	10.619	70.793	70.793	10.619	70.793	70.793	8.644	57.626	57.626
2	2.311	15.407	86.200	2.311	15.407	86.200	2.898	19.321	76.948
3	1.133	7.554	93.755	1.133	7.554	93.755	2.521	16.807	93.755
4	0.382	2.548	96.303						
5	0.175	1.169	97.472						
6	0.145	0.967	98.439						
7	0.095	0.631	99.070						
8	0.067	0.445	99.515						
9	0.033	0.221	99.736						
10	0.019	0.125	99.860						
11	0.011	0.072	99.932						
12	0.006	0.039	99.971						
13	0.003	0.017	99.988						
14	0.002	0.011	99.998						
15	0.000	0.002	100.000						

注：提取方法为主成分分析。

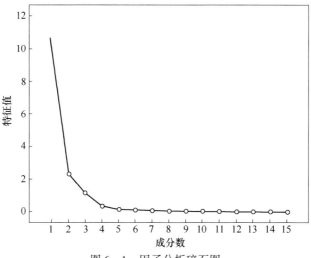

图 6 – 1　因子分析碎石图

表 6 – 4　主因子与其所包含的原始指标之间的相关性系数

原 始 指 标	相关性系数		
	F_1	F_2	F_3
规模以上工业企业 R&D 人员全时当量	0.123	− 0.023	− 0.044
规模以上工业企业 R&D 经费	0.097	0.019	− 0.007
规模以上工业企业 R&D 项目数	0.118	− 0.025	− 0.014
规模以上工业企业新产品项目数	0.129	− 0.053	− 0.006
规模以上工业企业开发新产品经费	0.122	− 0.034	− 0.007
规模以上工业企业新产品销售收入	0.120	− 0.036	0.000
规模以上工业企业新产品出口销售收入	0.191	− 0.171	− 0.052
规模以上工业企业专利申请数	0.148	− 0.088	− 0.020
公有经济企事业单位专业技术人员数	− 0.166	0.522	− 0.049
技术市场成交额	− 0.100	0.094	0.394
人均地区生产总值	0.067	− 0.161	0.300
外商及港澳台商投资工业企业实收资本	0.174	− 0.146	− 0.039
普通高等学校数	− 0.171	0.495	0.085
每十万人口高等学校平均在校生数	− 0.105	0.085	0.427
教育经费	− 0.040	0.288	0.007

注：1. 提取方法为主成分分析。

　　2. 旋转法采用具有 Kaiser 标准化的正交旋转法。

6.3.2.3 计算综合因子得分

$$Y = C_1 F_1 + C_2 F_2 + \cdots + C_k F_k$$

式中，C_i 为各主因子的方差贡献率，$C_i = \dfrac{\lambda_i}{\sum\limits_{i=1}^{k} \lambda_i}$。

我们对31个省（市、自治区）技术创新能力进行打分，以各主因子旋转后的方差贡献率（见表6-3）为权数进行线性加权平均求和，计算出公共因子的综合得分和排名，见表6-5。其综合得分计算公式如下：

$$Y = 0.57626F_1 + 0.19321F_2 + 0.16807F_3 \qquad (6-2)$$

表6-5 区域工业企业技术创新能力得分及排名

经济区域	省份	F_1	F_2	F_3	总分	省、市、自治区排名	区域平均分	区域排名
东北地区	辽宁省	-0.272930	0.515608	0.514613	0.028833	9	-0.198580	5
	吉林省	-0.451986	-0.348343	0.133844	-0.305272	19		
	黑龙江省	-0.585375	0.190757	-0.112017	-0.319300	20		
北部沿海	北京市	-0.679386	0.165725	4.241414	0.353368	6	0.323581	3
	天津市	0.363619	-1.354764	1.707834	0.234818	7		
	河北省	-0.549387	1.214889	-0.350846	-0.140826	15		
	山东省	0.873623	1.951709	-0.199723	0.846965	4		
东部沿海	上海市	0.463352	-0.774188	1.429355	0.357662	5	1.120606	1
	江苏省	3.261264	0.197571	0.265439	1.962135	1		
	浙江省	1.931667	-0.272116	-0.110391	1.042020	3		
南部沿海	福建省	0.213409	-0.302064	-0.054043	0.055535	8	0.463280	2
	广东省	3.059177	0.644609	-0.426306	1.815791	2		
	海南省	-0.204559	-1.539691	-0.393400	-0.481486	29		
黄河中游	山西省	-0.576447	0.276731	-0.267626	-0.323698	22	-0.222575	6
	内蒙古自治区	-0.318312	-0.667200	0.098728	-0.295750	18		
	河南省	-0.581903	1.798372	-0.471021	-0.067026	12		
	陕西省	-0.746952	0.573957	0.688529	-0.203825	16		
长江中游	安徽省	-0.177200	0.816362	-0.389136	-0.009784	10	-0.109978	4
	江西省	-0.591794	0.371869	-0.318666	-0.322738	21		
	湖北省	-0.431174	0.896630	0.346726	-0.016956	11		
	湖南省	-0.425473	1.103064	-0.347328	-0.090434	13		

经济区域	省份	F_1	F_2	F_3	总分	省、市、自治区排名	区域平均分	区域排名
西南地区	广西壮族自治区	-0.544454	0.264545	-0.632230	-0.368894	23	-0.332210	7
	重庆市	-0.233658	-0.505137	0.022005	-0.228549	17		
	四川省	-0.527256	1.217948	-0.422252	-0.139483	14		
	贵州省	-0.435582	-0.346738	-0.967669	-0.480640	28		
	云南省	-0.639282	0.310626	-0.803859	-0.443483	24		
大西北地区	甘肃省	-0.471088	-0.500756	-0.521880	-0.455935	26	-0.491796	8
	青海省	-0.063451	-1.767335	-0.899472	-0.529210	30		
	宁夏回族自治区	-0.148526	-1.647984	-0.385307	-0.468760	27		
	西藏自治区	-0.149004	-1.777563	-0.717533	-0.549909	31		
	新疆维吾尔自治区	-0.360935	-0.707096	-0.657784	-0.455167	25		

6.3.3 聚类分析

聚类分析（cluster analysis）是根据样本数据本身的特性研究数据分类的方法。其依据是同一类中个体数据有较大的相似性，不同类的样本数据有较大的差异性，根据一批样本数据的多个观测指标，找出一些能够度量样本数据之间相似程度的统计量，以这些统计量作为聚类划分的依据，寻找各样本数据之间或样本数据组合之间的相似程度，并按相似程度的大小把样本数据逐一归类的方法。操作时，把一些相似程度较大的样本数据聚合为一类，把另外一些彼此之间相似程度较大的样本数据又聚合为一类，关系密切的聚合到一个小的分类，关系疏远的聚合到一个大的分类单位，直到把所有的样本数据都聚合完毕，把不同的类型一一划分出来，形成一个由小到大的分类系统，最后再把整个分类系统画成一张谱系图（树状图），用它把所有的样本数据间的亲疏关系表示出来[4]。

实证数据利用SPSS20.0分层聚类的Q型聚类方法，对31个地区工业技术创新能力的统计数据进行分析，其中个案距离采用平方欧氏距离，聚类方法采用平均组间连锁法，如图6-2所示。

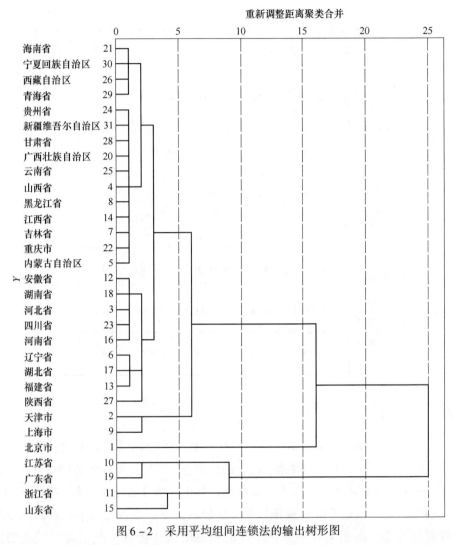

图6-2 采用平均组间连锁法的输出树形图

当选择标尺为5时，则样本5类，北京市单独分为一类，浙江省和山东省分为一类，江苏省和广东省分为一类，天津市和上海市分为一类，其他24个省（市、自治区）分为一类。当选择尺度为10时，则分为3类，北京市单独分为一类，江苏省、广东省、浙江省和山东省分为一类，包括上海、天津在内的其他26个省（市、自治区）分为另外一类。

6.4 结论

(1) 区域工业企业技术创新能力总体分布不均衡。

全国31个省（市、自治区）规模以上工业企业的技术创新能力排名前8位的分别为江苏省、广东省、浙江省、山东省、上海市、北京市、天津市、福建省；而后 8 位分别是西藏自治区、青海省、海南省、贵州省、宁夏回族自治区、甘肃省、新疆维吾尔自治区、云南省。

可见，技术创新能力较强的省份还是主要集中在东部沿海、南部沿海地区及京津地区，技术创新能力较弱的地区主要分布在西北及西南地区。得分结果非常明显地表明，创新能力向着东南部沿海和京津地区聚集，而西北、西南地区创新能力明显地弱化，出现非常显著的马太效应。

（2）区域内部工业企业技术创新能力分布不均衡。

全国 8 个经济区域，规模以上工业企业的技术创新能力最强的区域是东部沿海地区，且三个省市（江苏省、浙江省、上海市）发展较均衡；南部沿海地区广东省规模以上工业企业的技术创新能力较强，而海南省技术创新能力较差，在全国技术创新能力排名中也较落后，因此，南部沿海地区工业企业技术创新能力分布最不均衡，该地区呈现明显的马太效应；北部沿海地区山东省、北京市、天津市技术创新能力较强，且差距不太明显，河北省技术创新能力较弱，与周围省市有明显差距；长江中游地区安徽省、湖北省、湖南省技术创新能力较强，江西省与前三个省区有明显差距；东北地区辽宁省技术创新能力较强，吉林省与黑龙江省技术创新能力较差；黄河中游地区技术创新能力整体表现较弱，且各省份差距不是很大；西南地区四川省、重庆市技术创新能力较强，其他省区技术创新能力整体表现不佳；西北地区整体技术创新能力不强，是全国技术创新能力最弱的地区。

（3）工业企业技术创新能力区域划分。

如果按照创新能力强弱进行分类，全国 31 个省、市、自治区可分成四类：北京市为一类，得益于其作为全国的政治、文化中心，聚集众多全国顶尖大学、大量技术创新人才和产业，技术创新特征明显，且综合创新能力较强；沿海地区为第二类，包括江苏省、广东省、浙江省、山东省、上海市、天津市、福建省，该地区是全国经济最发达地区，也是规模以上工业企业技术创新能力最强的区域；东北地区、黄河中游地区、长江中游地区为第三类，该地区整体创新能力居中，为沿海发达地区产业转移和技术承接地带；西南和西北地区为第四类，该地区是全国技术创新能力最弱的地区，需要国家及地区大力开发和扶持。

6.5 建议

（1）加大对中西部地区企业技术创新能力的扶持力度。由于历史及地理等各方面的原因，东西部地区经济发展差距较大，区域创新要素分布不均衡。政府应通过财政、金融、税收等方面的政策，加大对西部、中部、东北地区人才资本和技术创新投入，扭转技术创新资源继续向沿海地区和中心城市加速聚集的马太效应，推动中西部技术创新能力的发展，缩小东西部差距。

（2）实施差异化的区域技术创新战略。企业技术创新能力区域分布的不均衡性，必然要求各地区实施差异化的技术创新战略。我国北京市、东部沿海地区等地企业已经具备了较强的技术创新能力，应选择和推动自主创新的技术战略；东北地区、黄河中游、长江中游地区技术创新能力居中，其技术创新战略重点可放在承接东部沿海地区产业转移、引进消化吸收后再创新方面；西北、西南地区技术创新能力较低，应把增强技术创新能力的培育和积累作为战略重点[3]。

（3）实施"以点带面，中间突破"的区域技术创新战略。由于全国各个经济区域技术创新能力的不平衡状态，我们可以通过区域内技术创新能力较强的省区市作为突破口，充分发挥创新极的辐射带动效应，通过区域间的技术转移和技术扩散，建立经济圈或经济带，带动周边省区市经济的发展和技术创新能力的共同提升，实现"以点带面，重点突破"的效果。如西南地区可以选择四川省和重庆市作为地区突破口，带动周边广西、云南、贵州等省区的发展；北部沿海北京、天津、山东的经济和技术创新能力，可以通过产业转移辐射至河北地区；东北地区，辽宁省可带动吉林、黑龙江两省的发展。

参 考 文 献

[1] 石书德. 企业技术创新能力评价研究评述 [J]. 科技管理研究, 2013 (10)：13～16.

[2] 陶爱萍, 宗查查. 安徽省工业技术创新能力的测度与评价 [J]. 科技管理研究, 2013 (17)：72～75.

[3] 李艺. 基于因子分析和聚类分析法的安徽省城市技术创新能力评价 [J]. 科技管理研究, 2013 (15)：55～59.

[4] 张少泽, 张春瀛, 孟庆洋. 基于主成分分析法的我国区域技术创新能力综合评价 [J]. 经济导刊, 2013 (3).

[5] 赵玉林, 程萍. 中国省级区域高技术产业技术创新能力实证分析 [J]. 商业经济与管理, 2013, 1 (6)：77～85.

[6] 王宝, 高峰, 姬贵林. 典型重工业城市企业技术创新能力评价及提升对策研究——以兰州市为例 [J]. 开发研究, 2013 (1)：84～88.

[7] 任远, 吕永波, 刘建生, 等. 企业技术创新能力区域评价与分布特征研究 [J]. 中国科技论坛, 2013 (5)：110～117.

[8] 汪志波. 基于 AHP–灰色关联度模型的企业技术创新能力评价 [J]. 统计与决策, 2008 (4)：51～53.

[9] 王帆, 吕津. 基于顾客知识的企业技术创新能力评价体系研究 [J]. 科技进步与对策, 2013, 30 (10)：131～135.

[10] 吴岩. 基于主成分分析法的科技型中小企业技术创新能力的影响因素研究 [J]. 科技管理研究, 2013, 33 (14)：108～112.

[11] 张庆利, 等. SPSS 宝典 [M]. 北京：电子工业出版社, 2012.

 **京津冀区域协同发展中河北省工业企业技术创新能力研究**

工业企业是区域技术创新主要载体，工业企业的技术创新能力不仅决定了所在产业的技术创新水平，而且很大程度上规定着整个国家技术创新的高度。从区域角度研究工业企业技术创新能力，有助于认识各区域在技术创新能力方面的优劣势，找出影响各区域工业技术创新能力的主要因素，从而有针对性地提出提升工业技术创新能力的对策建议，并制定符合区域实际的自主创新战略。

7.1 研究综述

建立科学可行的评价指标体系和选择科学有效的评价方法，是对区域工业企业技术创新能力进行实证分析的关键问题。

石书德将企业技术创新能力评价指标体系归结为创新能力构成要素、投入—过程—产出过程、技术创新能力系统三种类型[1]；陶爱萍、宗查查、李艺、张少泽、赵玉林、王宝等人认为工业技术创新能力指标体系包括投入能力、产出能力、支撑能力三部分[2~6]；任远等人则认为企业技术创新能力评价指标体系由创新基础、资源投入能力、活动能力、产出能力、环境利用能力几部分组成[7]；汪志波构建了技术创新载体、创新资源投入、创新成果产出、技术创新效益、技术创新管理组成的企业技术创新能力评价指标体系[8]；王帆等人从顾客知识的角度构建了顾客知识管理能力、生产销售能力、学习能力、研发能力、创新决策能力、文化和激励机制、市场采纳度组成的企业技术创新能力评价指标体系[9]；吴岩建立了由内部资源、创新条件、人才基础、产业状况、环境因素构成的科技型中小企业技术创新能力评价指标体系[10]。

在评价方法的研究方面，陶爱萍等人以 1995~2000 年安徽省统计数据，运用因子分析法，对安徽省工业企业技术创新能力进行了综合评价[2]；李艺综合应用因子分析和聚类分析法，以 2011 年安徽省各城市技术创新统计数据为基础，对安徽省 17 个城市的技术创新能力进行了评价[3]；张少泽运用因子分析法和 2009 年各省（市、自治区）统计数据，对全国各省（市、自治区）的技术创新能力进行了评价[4]；赵玉林以产业集聚的视角，采用空间面板模型和 1998~2006 年中国高技术产业相关统计数据，实证分析了区域高技术产业技术创新能力[5]；任远使用综合加权法，以 2010 年的统计数据测算了各省、自治区、直辖市的企业技术创新能力[7]；汪志波和王帆在研究中分别提出了 AHP–灰色关联度模型和模糊综合评判的评价方法[8,9]；吴岩利用主成分分析法对调查的 85 个科技型中小企业技术创新能力的影响因素进行实证研究[10]。

7.2　评价指标

评价指标选取要满足综合性和数据易得性两个原则，既能全面、综合地描述待评区域工业技术创新能力现有的水平，又能收集到其量化的指标数据。根据以上指标选取原则，综合国内有关专家的见解[1~9]，本章尝试性构建区域工业企业技术创新能力评价指标体系，指标体系由目标层、准则层、指标层三层及 15 个评价变量构成，见表 7 - 1。

表 7 - 1　工业企业技术创新能力评价指标体系

目标层	准则层	指　标　层	计量单位	代码
区域工业企业技术创新能力	技术创新投入能力	规模以上工业企业 R&D 人员全时当量	人/年	V_1
		规模以上工业企业 R&D 经费	万元	V_2
		规模以上工业企业 R&D 项目数	项	V_3
		规模以上工业企业新产品项目数	项	V_4
		规模以上工业企业开发新产品经费	万元	V_5
	技术创新产出能力	规模以上工业企业新产品销售收入	万元	V_6
		规模以上工业企业新产品出口销售收入	万元	V_7
		规模以上工业企业专利申请数	件	V_8
	技术创新支撑能力	公有经济企事业单位专业技术人员数	人	V_9
		技术市场成交额	亿元	V_{10}
		人均地区生产总值	元/人	V_{11}
		外商及港澳台商投资工业企业实收资本	亿元	V_{12}
		普通高等学校数	所	V_{13}
		每十万人口高等学校平均在校生数	人	V_{14}
		教育经费	万元	V_{15}

7.3　研究方法

7.3.1　熵权法

熵，也称信息熵，起源于热力学，最早香农（C. E. Shannon）引入信息论应用领域，现在已普遍推广到社会经济、工程技术等领域。熵权法根据指标数据本身的变异程度，计算指标的信息熵，得到熵权，进而修正指标权重，得到更客观的指标权重。根据信息论原理，熵是系统无序程度的度量，而信息是对系统无序程度的消除，因此，某指标数据变异程度越大，信息熵越小，数据本身提供的信息就越多，系统无序程度消除程度越大，有序程度越强，指标熵权就越大，反之，则越小。

设有 m 个待评项目，n 个评价指标，则有原始矩阵：

$$R = \begin{bmatrix} r_{11} & r_{12} & \cdots & r_{1n} \\ r_{21} & r_{22} & \cdots & r_{2n} \\ \vdots & \vdots & & \vdots \\ r_{m1} & r_{m2} & \cdots & r_{mn} \end{bmatrix}$$

式中，r_{mn} 为第 m 个项目第 n 个指标的评价值。

指标熵权过程如下：

（1）数据无量纲化处理。待评对象的不同指标数据往往具有不同量纲，数据差别很大，为了消除由此产生的指标的不可公度性，运用功效系数变换法，对这一评价指标值进行无量纲化处理。其具体做法如下：

对于正指标（指标值越大越好），令

$$Y_{ij} = (1 - a) + a(X_{ij} - X_{\min(j)})/(X_{\max(j)} - X_{\min(j)}) \tag{7-1}$$

对于逆指标（指标值越小越好），令

$$Y_{ij} = (1 - a) + a(X_{\max(j)} - X_{ij})/(X_{\max(j)} - X_{\min(j)}) \tag{7-2}$$

式中，$X_{\max(j)} = \max\{X_{ij}\}$；$X_{\min(j)} = \min\{X_{ij}\}$；$0 < a < 1$，一般可取 $a = 0.9$。

经过上述变换后得到 Y_{ij}，是原始数据 X_{ij} 的无量纲化，Y_{ij} 形成一个规范化决策矩阵 $B = (Y_{ij})_{m \times n}$。

（2）无量纲化指标数据比重化变换：

$$\begin{cases} P_{ij} = Y_{ij} / \sum_{i=1}^{m} Y_{ij} & (i = 1,2,\cdots,m; \quad j = 1,2,\cdots,n) \\ W_j = H_j / \sum_{j=1}^{n} H_j & (j = 1,2,\cdots,n) \end{cases} \tag{7-3}$$

（3）计算指标熵值：

$$E_j = -K \sum_{i=1}^{m} P_{ij} \ln P_{ij} \quad (K = 1/\ln m; \quad j = 1,2,\cdots,n) \tag{7-4}$$

（4）计算指标差异系数：

$$H_j = 1 - E_j \quad (j = 1,2,\cdots,n) \tag{7-5}$$

（5）计算指标熵权：

$$W_j = H_j / \sum_{j=1}^{n} H_j \quad (j = 1,2,\cdots,n) \tag{7-6}$$

7.3.2　灰色关联度分析

灰色系统理论于 20 世纪 80 年代由我国控制论专家邓聚龙教授首先提出，用于解决和处理复杂系统问题的理论，其基本思想是根据参考序列曲线和比较序列曲线几何形状的相似程度来判断两者的紧密程度。曲线越接近，参考序列和比较序列的关联度就越大，反之就越小。灰色系统理论具有不要求待分析序列服从某个典型的概率分布、计算量小且计算过程简单等优点，克服了回归分析等传统数理统计分析方法的不足[8]。

系统灰色评价流程如下：

（1）确定理想序列 V^*。

根据研究目的，将系统各评价指标最优值组成的指标序列称为理想序列，它是系统的参考序列和其他序列的比较基准。

$$V^* = \begin{bmatrix} v_1^* & v_2^* & \cdots & v_m^* \\ v_1^1 & v_2^1 & \cdots & v_m^1 \\ \vdots & \vdots & & \vdots \\ v_1^n & v_2^n & \cdots & v_m^n \end{bmatrix}$$

（2）数据规范化。数据单位不同，其数值会相差很大，不能直接用于比较，需要使用数据规范化方法消除数据量纲造成的差异。常用的数据规范化方法包括初值化方法、均值化方法、极差化方法和标准化方法，本章采用均值化方法消除数据量纲。

设原数据序列为 $\{X_i^{(0)}(k)\}$（$i = 0, 1, \cdots, n; k = 1, 2, \cdots, m$），均值化处理消除量纲后的新序列为：

$$\{X_i^{(1)}(k)\}, X_i^{(1)}(k) = \frac{X_i^{(0)}(k)}{\overline{X}_i} \tag{7-7}$$

式中，$\overline{X}_i = \sum_{k=1}^{m} X_i^{(0)}(k) / m$，表示第 i 个序列的平均值。

（3）计算评价矩阵。数据规范化处理后，以评价对象的最优值为理想参考序列，以评价对象指标值为比较序列，计算各评价对象各指标的灰色关联系数。评价对象 i 第 k 个指标的灰色关联系数计算公式如下：

$$L_i(k) = \frac{\min_m \min_n |v_k^* - v_k^i| + \zeta \max_m \max_n |v_k^* - v_k^i|}{|v_k^* - v_k^i| + \zeta \max_m \max_n |v_k^* - v_k^i|} A \tag{7-8}$$

式中，ζ 称为分辨系数，一般在 $[0, 1]$ 中取值，通常取 $\zeta = 0.5$；$\min_m \min_n |v_k^* - v_k^i|$ 和 $\max_m \max_n |v_k^* - v_k^i|$ 分别表示两级最小差和最大差。

计算出全部评价对象的所有评价指标灰色关联系数，组成评价矩阵 R。

$$R = \begin{bmatrix} L_1(1) & L_2(1) & \cdots & L_n(1) \\ L_1(2) & L_2(2) & \cdots & L_n(2) \\ \vdots & \vdots & & \vdots \\ L_1(m) & L_2(m) & \cdots & L_n(m) \end{bmatrix}$$

（4）灰色综合评价。设指标熵权矩阵为 $\boldsymbol{W}$，待评对象评价矩阵为 $\boldsymbol{R}$，待评对象灰色综合评分矩阵为 $\boldsymbol{B}$，矩阵 $\boldsymbol{B}$ 计算公式如下：

$$\boldsymbol{B} = \boldsymbol{W} \times \boldsymbol{R}, b_i = \sum_{k=1}^{m} w_k L_i(k) \qquad (7-9)$$

7.4 实证分析

7.4.1 实证结果

本章所用数据是来自国家统计局官网 2012 年度分省数据。通过表 7-1 指标体系建立北京市、天津市和河北省 3 个省市的工业技术创新能力判断矩阵，并根据式（7-1）~式（7-6）分别计算各指标的熵值，见表 7-2。根据式（7-8）计算京津冀地区指标关联系数矩阵，见表 7-3。根据式（7-9）汇总计算出河北省在京津冀地区各级指标的评分、排名、区域均值、全国均值见表 7-4 和表 7-5。

表 7-2　指标熵权

指标	V_1	V_2	V_3	V_4	V_5	V_6	V_7	V_8
熵权	0.073	0.079	0.076	0.076	0.074	0.080	0.104	0.089
指标	V_9	V_{10}	V_{11}	V_{12}	V_{13}	V_{14}	V_{15}	
熵权	0.034	0.072	0.051	0.093	0.033	0.032	0.036	

表 7-3　指标关联系数

省　市	V_1	V_2	V_3	V_4	V_5	V_6	V_7	V_8
北京市	0.560	0.632	0.625	0.613	0.576	0.616	0.459	0.606
天津市	0.565	0.648	0.651	0.620	0.569	0.635	0.477	0.582
河北省	0.562	0.632	0.621	0.595	0.562	0.602	0.448	0.565
省　市	V_9	V_{10}	V_{11}	V_{12}	V_{13}	V_{14}	V_{15}	
北京市	0.776	1.000	0.980	0.509	0.889	1.000	0.798	
天津市	0.760	0.356	1.000	0.534	0.840	0.931	0.755	
河北省	0.884	0.337	0.833	0.497	0.928	0.820	0.813	

表 7-4　河北省工业企业技术创新能力综合评分及排序

评价内容	得分	区域排名	区域均值	全国排名	全国均值
综合评价结果	0.5976	3	0.6263	15	0.6183
技术创新投入能力	0.2239	3	0.2269	15	0.2331
技术创新产出能力	0.1449	3	0.1493	15	0.1546
技术创新环境能力	0.2288	3	0.2502	12	0.2306

表7-5 河北省工业企业技术创新能力全部指标评分及排序

指 标	得 分	区域排名	区域均值	全国排名	全国均值
V_1	0.0410	2	0.0411	12	0.0427
V_2	0.0492	2	0.0496	13	0.0509
V_3	0.0471	3	0.0480	14	0.0489
V_4	0.0453	3	0.0464	15	0.0473
V_5	0.0413	3	0.0418	14	0.0432
V_6	0.0482	3	0.0495	14	0.0506
V_7	0.0466	3	0.0481	10	0.0504
V_8	0.0500	3	0.0517	16	0.0536
V_9	0.0297	1	0.0271	5	0.0276
V_{10}	0.0242	3	0.0406	22	0.0263
V_{11}	0.0427	3	0.0480	15	0.0437
V_{12}	0.0464	3	0.0479	9	0.0489
V_{13}	0.0302	1	0.0288	8	0.0286
V_{14}	0.0260	3	0.0291	22	0.0266
V_{15}	0.0295	1	0.0286	7	0.0289

7.4.2 结果分析

（1）整体来看，2012年规模以上工业企业技术创新能力，京津冀地区综合评分为0.6263，高于全国平均分0.6183，其中北京市综合评分0.6628，全国排名第5位，区域排名第1位；天津市综合评分0.6186，全国排名第7位，区域排名第2位；河北省综合评分0.5976，低于全国平均水平，全国排名在第15位，区域排名第3位。

可见河北省工业企业技术创新能力在京津冀地区不但低于北京、天津两市，而且也低于全国平均水平。

（2）从分项指标来看，2012年规模以上工业企业技术创新投入能力、产出能力和环境支撑能力的平均分分别为0.2331、0.1546、0.2306，京津冀地区在三项指标的均值为0.2269、0.1493、0.2502，可见，京津冀地区工业企业技术创新投入能力和环境支撑能力较强，但产出能力较弱。

河北省在创新投入能力、产出能力和环境支撑能力三项指标的评分分别为0.2239、0.1449、0.2288，全国排名分别为第15位、第15位和第12位，区域排名分别为第3位、第3位、第3位；北京市三项指标的评分分别为0.2266、0.1508和0.2854，全国排名分别为第12位、第9位和第3位，区域排名分别为第 2 位、第 2 位、第 1 位；天津市三项指标的评分分别为 0.2301、0.1521 和 0.2364，全国排名分别为第 7 位、第 7 位和第 6 位，区域排名分别为第 1 位、第 1 位、第 2 位。可见，河北省在创新投入能力、产出能力和环境支撑能力上不但低于区域平均水平，也低于全国平均水平。

（3）从表 7-5 可看出，河北省 2012 年度规模以上工业企业技术创新能力 15 个评价指标中，只有 V_9 经济企事业单位专业技术人员数、V_{13} 普通高等学校数、V_{15} 教育经费 3 个评价指标值高于区域平均水平和全国平均水平，其余 12 个评价指标均低于区域平均水平和全国平均水平。

7.5 结论

从各项指标计算结果来看，目前河北省工业技术创新能力整体表现欠佳，综合评分和分项指标均处于全国中下游水平，在京津冀三个省市中，是最落后的地区，和北京市、天津市差距明显，众多评价指标中，优势少且单一，劣势多且突出。从实证结果来看，河北省目前工业技术创新意识淡薄，创新活动开展不普遍，资金和人力投入不足，新产品和发明专利产出较低。为此，河北省应从如下几个方面采取措施，提升工业企业技术创新能力和水平：强化工业企业技术创业的主体地位，加快工业企业产权制度，提高企业管理水平和技术创新效率；依托产业集群，整合全省优质资源，打造区域基础研究研发中心和新技术推广基地；加强产学研合作，推动多方主体合作技术创新；打破行业和区域垄断，改善和创造公平竞争的市场环境；加强知识产权法规的监督和执行，保护工业企业技术创新的动力和长期收益；提高技术创新金融支持力度，为企业技术创新创造良好融资环境[11]。

参 考 文 献

[1] 石书德. 企业技术创新能力评价研究评述 [J]. 科技管理研究，2013（10）：13~16.

[2] 陶爱萍，宗查查. 安徽省工业技术创新能力的测度与评价 [J]. 科技管理研究，2013（17）：72~75.

[3] 李艺. 基于因子分析和聚类分析法的安徽省城市技术创新能力评价 [J]. 科技管理研究，2013（15）：55~59.

[4] 张少泽，张春瀛，孟庆洋. 基于主成分分析法的我国区域技术创新能力综合评价 [J]. 经济导刊，2013（3）.

[5] 赵玉林，程萍. 中国省级区域高技术产业技术创新能力实证分析 [J]. 商业经济与管理，2013，1（6）：77~85.

[6] 王宝，高峰，姬贵林. 典型重工业城市企业技术创新能力评价及提升对策研究——以兰

州市为例 [J]. 开发研究, 2013 (1): 84, 85.

[7] 任远, 吕永波, 刘建生, 等. 企业技术创新能力区域评价与分布特征研究 [J]. 中国科技论坛, 2013, 1 (5): 110~117.

[8] 汪志波. 基于 AHP - 灰色关联度模型的企业技术创新能力评价 [J]. 统计与决策, 2008 (4): 81~83.

[9] 王帆, 吕津. 基于顾客知识的企业技术创新能力评价体系研究 [J]. 科技进步与对策, 2013, 30 (10): 131~135.

[10] 吴岩. 基于主成分分析法的科技型中小企业技术创新能力的影响因素研究 [J]. 科技管理研究, 2013, 33 (14): 108~112.

[11] 张惠茹, 李荣平. 基于灰色关联度评价方法的河北省工业企业技术创新能力评价及分析 [J]. 河北师范大学学报 (哲学社会科学版), 2010, 33 (3): 48~52.

第 2 篇
农业技术经济篇

8 GR – HC 模型在河北省农民收入 影响因素研究中的应用

8.1 引言

农业、农村、农民问题始终是中国农村工作的中心问题，也是党和政府关注的重大战略问题[1,2]，而解决"三农问题"的关键在于增加农民收入。近年来，随着经济和社会的发展，政府采取了一系列惠农支农的政策，大力推动社会主义新农村和城镇化建设，农民收入有了一定的增长，但是增长速度仍较为缓慢，城乡收入差距依然较大。如何准确地找到影响农村居民收入的因素，进一步提高农民收入，对于推动我国经济社会发展和从农业大国到工业大国的转型升级具有重大意义。

对于增加我国农民收入的探讨，陈乙西[3]从国际国内的双重视角，研究了政府政策、人力资本、土地制度、财政支农、农村金融、农业发展模式、自然和气候条件等对农民收入增长的影响。刘秉镰[4]采用 OLS 回归和空间计量模型对比研究了城市化、农业劳动力的状况、固定资产投资、农村居民对农业的依赖程度对农民收入的差异影响。杨灿明[5]使用计量经济模型研究了经济增长、城乡收入比例、农业产业结构、城市化水平、农村工业化程度、贸易开放度、农村剩余劳动力转移、财政支农支出、财政农业科技投入等宏观经济因素对农民收入的影响。杨瑞珍[6]分析了改革开放以来农民收入变化及其增速缓慢的原因，提出了提高农民收入的途径，即加大农业产业结构调整、发展非农产业、加强农业基础设施建设、科技兴农、降低农业成本、减轻农民负担、加快发展中西部经济发展，缩小地区收入差距。李双凤[7]使用灰色关联模型分析了行业对福建省农民收入结构的影响。戴从法[8]根据地貌特征将河北省分成了坝上高原、山丘地区、平原地区、沿海地区四类地区，通过抽样调查的方法分析了不同区域农民收入构成及增收途径。

灰色关联分析依据序列曲线几何形状的相似程度来判断参考序列与比较序列的相似与紧密程度，通过计算参考序列与比较序列的关联度找出影响参考序列的主要因素，它不需要变量服从典型概率分布，克服了传统数理统计方法的诸多不足。本章使用 2012 年河北省农业经济统计汇总数据，通过灰色关联模型分析了河北省农民收入主要来源、农村经济行业和经营形式对农民人均收入的影响，并在此基础上对河北省农民收入来源在行业与经营形式上的地区差异数据进行了聚类分析，最后提出了增加农民收入的政策建议。

8.2 农民收入结构

8.2.1 农民收入来源

根据国家统计局、农业部制定的农村经济收益分配统计表，农民收入来源主要有农村经济收入、投资收益、农民外出劳务收入、农民从乡镇级集体企业得到收入、农民从集体再分配收入。

8.2.2 农民收入结构

农民收入来源中的农村经济收入可按照行业和经营形式的不同进一步细分，得到农村经济的行业结构与经营结构。从行业角度来看，农村经济收入可划分为：农业收入、林业收入、牧业收入、渔业收入、工业收入、建筑业收入、运输业收入、商饮业收入、服务业收入、其他收入；从经营形式的角度来看，农村经济收入可划分为：乡（镇）办企业收入、村组集体经营收入、农民家庭经营收入、其他经营收入[9]。

因为河北省各地区人口、土地等农业资源差异较大，为更客观地反映各变量对河北省农民收入的影响，本章将变量数据替换为人均值，以河北省农民人均所得为参考序列，其他变量人均值数据为比较序列，建立灰色关联模型，见表 8 – 1。

表 8 – 1 河北省农民收入来源

变 量 名 称			代码	计量单位	用 法
农民人均所得			Y	元	参考序列
人均农村经济总收入			X_1	万元	比较序列
人均农村经济总收入	按经营形式划分	人均乡（镇）办企业经营收入	X_2	万元	比较序列
		人均村组集体经营收入	X_3	万元	比较序列
		人均农民家庭经营收入	X_4	万元	比较序列
		人均农民专业合作社经营收入	X_5	万元	比较序列
		人均其他经营收入	X_6	万元	比较序列
	按行业划分	人均农业收入	X_7	万元	比较序列
		人均林业收入	X_8	万元	比较序列
		人均牧业收入	X_9	万元	比较序列
		人均渔业收入	X_{10}	万元	比较序列
		人均工业收入	X_{11}	万元	比较序列
		人均建筑业收入	X_{12}	万元	比较序列
		人均运输业收入	X_{13}	万元	比较序列
		人均商饮业收入	X_{14}	万元	比较序列
		人均服务业收入	X_{15}	万元	比较序列
		人均其他收入	X_{16}	万元	比较序列

变 量 名 称	代码	计量单位	用 法
人均投资收益	X_{17}	万元	比较序列
人均农民外出劳务收入	X_{18}	万元	比较序列
人均农民从乡镇级集体企业得到收入	X_{19}	万元	比较序列
人均农民从集体再分配收入	X_{20}	万元	比较序列

8.3 模型构建

8.3.1 灰色关联度分析

灰色系统理论于 20 世纪 80 年代由我国控制论专家邓聚龙教授首先提出，用于解决和处理复杂系统问题的理论，其基本思想是根据参考序列曲线和比较序列曲线几何形状的相似程度来判断两者的紧密程度。曲线越接近，参考序列和比较序列的关联度就越大，反之就越小。灰色系统理论具有不要求待分析序列服从某个典型的概率分布、计算量小且计算过程简单等优点，克服了回归分析等传统数理统计分析方法的不足[10,11]。

8.3.2 计算步骤

（1）确定参考数列和比较数列。参考数列是系统行为特征序列，比较数列是系统行为影响因素序列。设参考序列为 $\boldsymbol{Y} = \{Y(k) \mid k = 1, 2, \cdots, n\}$，比较序列为 $\boldsymbol{X}_i = \{X_i(k) \mid k = 1, 2, \cdots, n\}$，其中 $i = 1, 2, \cdots, m$。

（2）数据规范化。数据量纲不同会导致几何曲线比例失真，因此，原始数据不能直接进行比较，需要消除量纲，转化为可比较的序列。本章使用均值化的方法对数据进行规范化处理。设原始序列均值化处理后的新序列为：

$$\begin{cases} \boldsymbol{Y}' = \{y'(k)\}, y'(k) = \dfrac{y(k)}{\bar{y}} & (k = 1, 2, \cdots, n) \\ \boldsymbol{X}' = \{x_i'(k)\}, x_i'(k) = \dfrac{x_i(k)}{\bar{x}_i} & (i = 1, 2, \cdots, m; k = 1, 2, \cdots, n) \end{cases} \tag{8-1}$$

式中，$\bar{y}$、$\bar{x}_i$ 分别为参考序列和第 i 个比较序列的平均值。

（3）计算关联系数。关联系数本质是参考序列和比较序列几何曲线之间的紧密程度，即参考序列和比较序列的某个时刻（曲线的某个点）的关联程度，计算公式为：

$$\xi(k) = \frac{\min\limits_{m} \min\limits_{n} \mid y'(k) - x_i'(k) \mid + \rho \max\limits_{m} \max\limits_{n} \mid y'(k) - x_i'(k) \mid}{\mid y'(k) - x_i'(k) \mid + \rho \max\limits_{m} \max\limits_{n} \mid y'(k) - x_i'(k) \mid} \tag{8-2}$$

式中，ρ 称为分辨系数，一般在 $[0, 1]$ 中取值，通常取 0.5；$\min\limits_{m} \min\limits_{n} \mid y_j' - x_{ij}' \mid$

和 $\max\limits_{m} \max\limits_{n} |y'_j - x'_{ij}|$ 分别为两级最小差和最大差。

（4）计算关联度。关联系数代表的是参考序列和比较序列在某个时刻（曲线的某个点）的关联程度值，它的数值有多个，信息过于分散，因此对信息集中处理，计算关联系数的平均值来代表参考序列和比较序列整体关联程度，即：

$$r_i = \frac{1}{n} \sum_{k=1}^{n} \xi_i(k) \quad (k = 1,2,\cdots,n) \tag{8-3}$$

式中，r_i 为比较序列 $\boldsymbol{X}_i$ 和参考序列 $\boldsymbol{Y}$ 的关联度。

（5）判断序列相似度。按大小对关联度进行排序，如果 $r_1 < r_2$，则表示参考数列 $\boldsymbol{Y}$ 与比较数列 $\boldsymbol{X}_2$ 更相似。

8.4 实证分析

8.4.1 数据来源

本章数据来源为河北省农经管理信息平台（http://www.hbnj.org.cn/）2012 年度农经统计汇总数据。

按照表 8-1 对数据人均化处理后，使用灰色关联分析方法，计算出参考序列与各比较序列的关联系数矩阵。

8.4.2 收入来源分析

按照表 8-1 对数据人均化处理后，使用灰色关联分析方法，计算出收入来源灰色关联系数，见表 8-2。

表 8-2 收入来源灰色关联系数表

地 区	X_1	X_{17}	X_{18}	X_{19}	X_{20}
石家庄	0.9252	0.7111	0.8799	0.9216	0.7927
廊坊	0.5914	0.5636	0.7931	0.5478	0.8456
衡水	0.7358	0.6604	0.8657	0.7003	0.9109
唐山	0.8329	0.6257	0.6783	0.8915	0.9917
秦皇岛	0.9015	0.5581	0.9927	0.5497	0.8043
邯郸	0.8489	0.6711	0.5692	0.5591	0.8123
邢台	0.9382	0.639	0.8139	0.9773	0.8974
保定	0.8241	0.944	0.9437	0.6741	0.7443
张家口	0.7415	0.6712	0.8849	0.9479	0.9841
承德	0.7659	0.9339	0.6994	0.6754	0.7921
沧州	0.9281	0.657	1	0.3363	0.775
均值	0.8212	0.6941	0.8292	0.7074	0.8501

注：X_1—人均农村经济收入；X_{17}—人均投资收益；X_{18}—人均农民外出劳务收入；X_{19}—人均农民从乡镇级集体企业得到收入；X_{20}—人均农民从集体再分配收入。

从表 8-2 可以看出，当前河北省农民人均收入来源影响因素依次为：集体再分配收入 X_{20}（0.8501）> 外出劳务收入 X_{18}（0.8292）> 农村经济收入 X_1（0.8212）> 乡镇级集体企业收入 X_{19}（0.7074）> 投资收益 X_{17}（0.6941）。

从城市指标来看，石家庄、邢台市农民人均收入主要来自于农村经济收入 X_1 和乡镇级集体企业收入 X_{19}；廊坊市、衡水市农民人均收入主要来自于集体再分配收入 X_{20} 和外出劳务收入 X_{18}；唐山市和张家口市农民人均收入主要来自于集体再分配收入 X_{20} 和乡镇级集体企业收入 X_{19}；秦皇岛市和沧州市农民人均收入主要来自于外出劳务收入 X_{18} 和农村经济收入 X_1；邯郸市农民人均收入主要来自农村经济收入 X_1 和集体再分配收入 X_{20}；保定市农民人均收入主要来自于投资收益 X_{17} 和外出劳务收入 X_{18}；承德市农民人均收入主要来自于投资收益 X_{17} 和集体再分配收入 X_{20}。

使用 SPSS 20.0 层次聚类方法，对河北省 11 个地级市农民人均收入来源灰色关联系数矩阵数据（表 8-2）聚类分析[12]，其中个案距离采用平方 Euclidean 距离，聚类方法采用平均组间连锁法，聚类结果输出树状图如图 8-1 所示。

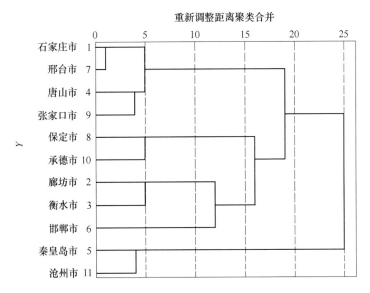

图 8-1　收入来源聚类树状图

当选择标尺为 5 时，则样本分为 5 类，石家庄市、邢台市、唐山市、张家口市为一类，保定市、承德市为一类，廊坊市、衡水市为一类，秦皇岛市、沧州市为一类，邯郸市单独为一类。当选择尺度为 15 时，则分为 4 类，石家庄市、邢台市、唐山市、张家口市分为一类，保定市、承德市为一类，廊坊市、衡水市、邯郸市分为一类，秦皇岛市、沧州市分为一类。

8.4.3 行业影响分析

按照表 8 - 1 对数据人均化处理后，使用灰色关联分析方法，计算出行业影响灰色关联系数，见表 8 - 3。

表 8 - 3 行业影响灰色关联系数

地 区	X_7	X_8	X_9	X_{10}	X_{11}	X_{12}	X_{13}	X_{14}	X_{15}	X_{16}
石家庄	0.9946	0.7617	0.995	0.6322	0.9621	0.8624	0.9913	0.8552	0.7879	0.721
廊坊	0.882	0.7358	0.9167	0.6934	0.5186	0.8621	0.8842	0.8956	0.743	0.9525
衡水	0.7446	0.8524	0.9254	0.7121	0.7582	0.8806	0.9513	0.7479	0.7683	0.8909
唐山	0.8533	0.6328	0.9101	0.3362	0.8381	0.8927	0.9347	0.8196	0.8367	0.7801
秦皇岛	0.9431	0.9641	0.7224	0.3634	0.8119	0.7623	0.9351	0.9431	0.9821	0.8164
邯郸	0.9573	0.8817	0.7837	0.6524	0.8588	0.8347	0.9228	0.8056	0.8722	0.8373
邢台	0.9999	0.8567	0.9374	0.659	0.9804	0.8634	0.8644	0.8912	0.8527	0.8848
保定	0.8762	0.818	0.9531	0.701	0.8393	0.9479	0.8544	0.8708	0.852	0.7268
张家口	0.7971	0.8987	0.8881	0.6817	0.6936	0.8394	0.882	0.9698	0.7711	0.7346
承德	0.9261	0.6011	0.9556	0.796	0.754	0.798	0.8324	0.9112	0.7855	0.9653
沧州	0.8317	0.9719	0.8644	0.9627	1	0.701	0.913	0.9226	0.9835	0.8395
均值	0.8914	0.8159	0.8956	0.6536	0.8195	0.8404	0.906	0.8757	0.8395	0.8317

注：X_7—人均农业收入；X_8—人均林业收入；X_9—人均牧业收入；X_{10}—人均渔业收入；X_{11}—人均工业收入；X_{12}—人均建筑业收入；X_{13}—人均运输业收入；X_{14}—人均商饮业收入；X_{15}—人均服务业收入；X_{16}—人均其他收入。

从表 8 - 3 可以看出，当前河北省农民人均收入影响的行业因素为：运输业 X_{13}（0.9060）＞ 牧业 X_9（0.8956）＞ 农业 X_7（0.8914）＞ 商饮业 X_{14}（0.8757）＞ 建筑业 X_{12}（0.8404）＞ 服务业 X_{15}（0.8395）＞ 其他 X_{16}（0.8317）＞ 工业 X_{11}（0.8195）＞ 林业 X_8（0.8159）＞ 渔业 X_{10}（0.6536）。

从各地级市指标来看，石家庄市农民人均收入与牧业 X_9、农业 X_7、运输业 X_{13}、工业 X_{11} 关联度较强；廊坊市、承德市农民人均收入与其他行业 X_{16} 和牧业 X_9 关联度较强；衡水市农民人均收入与运输业 X_{13} 和牧业 X_9 关联度较强；唐山市农民人均收入与运输业 X_{13} 关联度较强；秦皇岛市农民人均收入与服务业 X_{15}、林业 X_8 关联度较强；邯郸市农民人均收入与农业 X_7 关联度较强；邢台市农民人均收入与农业 X_7、工业 X_{11} 关联度较强；保定市农民人均收入与牧业 X_9 关联度较强；张家口市农民人均收入与商饮业 X_{14} 关联度较强；沧州市农民人均收入与工业 X_{11}、服务业 X_{15}、林业 X_8、渔业 X_{10} 关联度较强。

使用 SPSS 20.0 层次聚类方法，对河北省 11 个地级市行业对农民人均收入影响灰色关联系数矩阵数据（表 8 - 3）聚类分析，如图 8 - 2 所示。当选择尺度为 10 时，则分为 5 类，邯郸市、邢台市、石家庄市、保定市、张家口市、衡水市分为一类，廊坊市、承德市分为一类，唐山市、秦皇岛市、沧州市分别各自单独为一类。

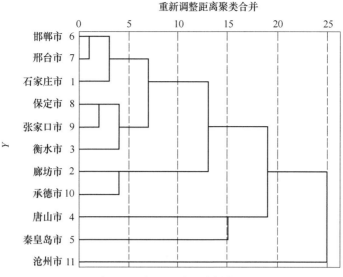

图 8 - 2　行业影响聚类树状图

8.4.4　经营形式影响分析

按照表 8 - 1 对数据人均化处理后，使用灰色关联分析方法，计算出经营形式影响灰色关联系数，见表 8 - 4。

表 8 - 4　经营形式影响灰色关联系数

地　区	X_2	X_3	X_4	X_5	X_6
石家庄	0.5596	0.9436	0.8614	0.4208	0.5877
廊坊	0.5913	0.9118	0.4774	0.6404	0.7122
衡水	0.3369	0.905	0.877	0.5479	0.9485
唐山	0.365	0.7198	0.9103	0.9241	0.6667
秦皇岛	0.7263	0.972	0.9617	0.7429	0.847
邯郸	0.5806	0.5994	0.8774	0.6216	0.9979
邢台	0.9744	0.8864	0.933	0.7873	0.9758
保定	0.9048	0.964	0.812	0.8305	0.9191
张家口	0.6459	0.6679	0.7814	0.8751	0.7621
承德	0.7042	0.7493	0.768	0.8069	0.9691
沧州	0.9705	0.9944	0.8753	1	0.863
均值	0.669	0.8467	0.8304	0.7452	0.8408

注：X_2—人均乡（镇）办企业经营收入；X_3—人均村组集体经营收入；X_4—人均农民家庭经营收入；
　　X_5—人均农民专业合作社经营收入；X_6—人均其他经营收入。

从表 8 - 4 可以看出，当前河北省农民人均收入影响的农村经济经营形式因素依次为：村组集体经营 $X_3(0.8467)$ ＞ 其他经营 $X_6(0.8408)$ ＞ 农民家庭经营

$X_4(0.8304) >$ 农民专业合作社经营 $X_5(0.7452) >$ 乡（镇）办企业经营 $X_2(0.6690)$。

从各地级市指标来看，石家庄市、廊坊市农民收入与村组集体经营形式 X_3 关联度较强；衡水市农民收入与其他经营形式 X_6 和乡（镇）办企业经营形式 X_2 关联度较强；唐山市、张家口市农民收入与农民专业合作社经营形式 X_5 和农民家庭经营形式 X_4 关联度较强；秦皇岛市农民收入与村组集体经营形式 X_3 和农民家庭经营形式 X_4 关联度较强；邯郸市、承德市农民收入与其他经营形式 X_6 关联度较强；邢台市农民收入与其他经营形式 X_6 和农民家庭经营形式 X_4 关联度较强；保定市农民收入与村组集体经营形式 X_3 和其他经营形式 X_6 关联度较强；沧州市农民收入与农民专业合作社经营形式 X_5、村组集体经营形式 X_3 和乡（镇）办企业经营形式 X_2 关联度较强。

使用SPSS 20.0层次聚类方法，对河北省11个地级市经营形式对农民人均收入影响灰色关联系数矩阵数据（表8-4）聚类分析，如图8-3所示。当选择尺度为10时，则分为6类，邢台市、保定市、沧州市、秦皇岛市分为一类，张家口市、承德市、邯郸市分为一类，唐山市、石家庄市、衡水市、廊坊市分别各自单独为一类。

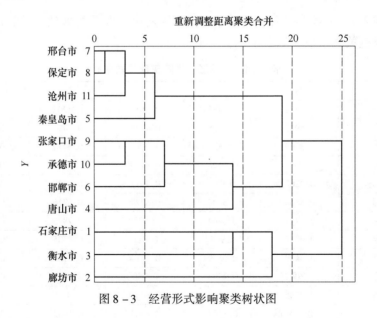

图8-3 经营形式影响聚类树状图

8.5 结论与对策

8.5.1 结论

通过对河北省农民人均收入来源、经营形式、行业影响灰色关联系数的分析，本章得出以下结论：

（1）河北省当前农民收入来源单一，主要来自于集体再分配收入和农民外出劳务收入，而来自于农业生产、投资收益和乡（镇）办企业的收入较少。

（2）从行业来看，运输业、牧业、农业对农民收入影响较大，而渔业、林业、工业收入较少。尤其是渔业，河北省是一个沿海省份，渔业与秦皇岛、唐山、沧州沿海地级市农民收入的关联性都不强。

（3）从经营形式来看，村组集体经营方式、其他经营方式和农民家庭经营方式对农民收入影响较大，而农民专业合作社经营方式和乡（镇）办企业经营方式对农民收入影响较小。

（4）从聚类结果来看，河北省各地级市收入来源、经营形式和行业影响空间差异较大。

8.5.2　对策

（1）落实惠农政策和二次分配机制，增加农民转移性收入，促进农村社会公平。

农民收入受集体再分配影响最大，说明当前河北省农民收入来源单一，政府和集体对农民收入有很大影响，因此政府应进一步落实惠农政策和完善集体二次分配机制，确保农民权益不受侵害，提高农民收入。

（2）增加农民工城市就业岗位，维护农民工权益。

河北省农民收入另一个重要来源就是外出劳务收入，在秦皇岛市、沧州市、保定市、廊坊市、衡水市尤为明显。因此，城市地区要增加农民工就业岗位，维护好农民工权益，农村地区要解决好农民工的后顾之忧。

（3）推进农业产业化，促进农产品深加工。

当前河北省农民直接从事农业生产获取的收益少，农民从事农业生产的积极性不高，另一方面也说明河北省当前农业产业化不发达，农产品深加工不足，河北省应进一步发展乡镇农产品加工业，促进农业向产业链的中下游发展。

（4）发展农村乡镇企业，实现农民家乡就业，增加农民工资性收入。

河北省农民收入中从乡镇级集体企业得到的工资性收入少，说明当前河北省乡镇企业不发达，应进一步兴办、引进乡镇企业，扩大农村家乡就业，提高农民工资性收入。

（5）繁荣农村金融服务业，增加农民投融资渠道。

河北省农民收入中投资收益少，说明当前河北省农村金融不发达，政府应采取措施进一步发展和繁荣农村金融服务业，增加农民投融资渠道，提高农民投资收益。

（6）鼓励村组集体经营、农民家庭经营等多种农村经济经营方式。

　　鼓励农村地区采取村组集体经营、家庭经营等多种经营方式开展经济活动，充分利用社会、集体、个人的各自优势，调用各方面的积极性，宜统则统，宜分则分。

　　(7) 大力发展农村运输业、养殖业、特色农业，扶持渔业、工业、服务业发展。

　　河北省是一个沿海省份和工业大省，GDP 居全国第 6 位，秦皇岛、唐山、沧州东临渤海，但渔业、工业与河北省农民收入的关联性都不强，即便在沿海地级市，渔业在农民收入中也不占主导地位，因此，增加农民收入，河北省沿海地级市还必须充分利用和发挥好工业和渔业方面的优势。

参 考 文 献

[1] 国务院发展研究中心课题组. "十二五"时期我国农村改革发展的政策框架与基本思路 [J]. 改革, 2010 (5): 5~20.

[2] 温家宝. 以增加农民收入为目标推进农业和农村经济结构的战略性调整 [J]. 求是, 2002 (3): 3~10.

[3] 陈乙酉, 付园元. 农民收入影响因素与对策: 一个文献综述 [J]. 改革, 2014 (9): 67~92.

[4] 刘秉镰, 赵晶晶. 我国省域农民收入影响因素的空间计量分析 [J]. 当代经济科学, 2010, 32 (5): 32~37.

[5] 杨灿明, 郭慧芳, 孙群力. 我国农民收入来源构成的实证分析——兼论增加农民收入的对策 [J]. 财贸经济, 2007 (2): 83~87.

[6] 杨瑞珍. 增加农民收入的途径与政策 [J]. 中国农业资源与区划, 2001, 22 (2): 30~34.

[7] 李双凤, 杨文凤. 福建省农民收入影响因素灰色关联分析 [J]. 华中农业大学学报 (社会科学版), 2010 (4): 43~46.

[8] 戴从法. 河北省不同区域农民收入评价与增收途径 [J]. 中国农业资源与区划, 2004, 25 (1): 55~57.

[9] 冯明江. 石阡县 2000 年农民收入和负担调查及增收减负对策初探 [J]. 贵州农业科学, 2001, 29 (5): 58~60.

[10] 王坚. 西南民航安全管理特性分析系统研究 [D]. 成都: 电子科技大学, 2010: 27~28.

[11] 张凯. 低速汽车制造项目生态环境影响分析与评价 [D]. 武汉: 华中科技大学, 2013: 35~41.

[12] 赵淑芹, 刘倩. 基于 DEA 的矿产资源开发利用生态效率评价 [J]. 中国矿业, 2014, (1): 54~57.

9 SOM 神经网络在河北省农村经济结构差异研究中的应用

"十二五"时期，我国解决"三农"问题的总体思路是：推动农业农村经济结构的战略性调整，构筑现代高效农业产业体系，加快农业经营方式"两个转变"，完善农村基本经营制度[1]。农村经济现代化事关整个国家的现代化。农村经济的发展不仅是经济增长的过程，更是经济结构调整的过程，经营形式是有效组织分散农户、发挥农民经济结构调整主体作用的根本途径，因此，采取有效的经营形式加快农村经济结构战略性调整，对提高农民收入、推动农村经济发展和实现农业现代化具有重要意义。

农村经济结构是指农村的农业、工业、建筑业、运输业、商饮业等各行业的比例关系。区域结构、产品结构、就业结构和产业结构是我国当前农村经济亟待调整的 4 种结构。近年来，国内学者和政府官员针对以上 4 种结构的现状、面临问题、导致原因以及结构调整方向或根本出路等做了大量研究[2~7]。农村经济结构调整的主体不是政府，而是农民自己，这一结论已取得国内外专家和政府的共识。但当前我国农户处于分散经营状态，各自独立的农业生产过程不可能自发实现农村经济结构的战略性调整，因此，以怎样的组织形式使当前分散的农户组织起来，提高农民的组织化程度，就成为当前发挥农民主体作用、实现农村经济结构战略性调整的关键[2~7]。近年来，我国农业和农村经济结构调整过程中，逐步形成了"订单农业"、"企业 + 农村家庭"、"企业 + 基地 + 农村家庭"、"企业 + 协会 + 农村家庭"、"农业龙头企业"、"农业产业化经营"等模式，这些经营方式在农民增收和农村经济结构调整中取得了一定成效，但模式中各合作方的协作关系依然较松散和短暂，一旦出现经营风险，占据主导地位的"企业"只顾自身利益，农民往往成为较大的损失者。

传统的结构评价方法（如结构相似系数法、位移分析法、线性回归法等）大多是统计方法或是建立在线性的模型基础上，很难真实描述复杂的非线性关系和不确定性因素[7~12]。自组织特征映射网络（self‐organizing feature map，SOM 神经网络）具有表示任意非线性关系和很强的自组织、自学习、自适应能力，既可以学习输入向量的分布特征，也可以学习输入向量的拓扑结构，可以克服传统结构评价方法在处理非线性问题中的实际困难。本章运用 SOM 神经网络模型，在对河北省农村经济收入来源数据分析的基础上，将河北 11 个地区的经济结构和经营结构进行了分类，揭示了不同区域经济结构和经营结构的差异。

9.1　农村经济结构

　　根据我国农业部 2003 年制定的农村经济收益分配统计表（见表 9-1），从行业的角度来看，农村经济收入可划分为农业收入、林业收入、牧业收入、渔业收入、工业收入、建筑业收入、运输业收入、商饮业收入、服务业收入以及其他收入；从经营形式的角度来看，农村经济收入可划分为乡（镇）办企业收入、村组集体经营收入、农民家庭经营收入以及其他经营收入。本章以各行业和经营形式收入占农村经济总收入的百分比作为农村经济结构和经营结构数据。

表 9-1　农村经济收入来源

划分形式	农村经济收入来源	代　码
行　业	人均农业收入	X_1
	人均林业收入	X_2
	人均牧业收入	X_3
	人均渔业收入	X_4
	人均工业收入	X_5
	人均建筑业收入	X_6
	人均运输业收入	X_7
	人均商饮业收入	X_8
	人均服务业收入	X_9
	人均其他收入	X_{10}
经营形式	人均乡（镇）办企业经营收入	Y_1
	人均村组集体经营收入	Y_2
	人均农民家庭经营收入	Y_3
	人均农民专业合作社经营收入	Y_4
	人均其他经营收入	Y_5

9.2　研究方法

　　SOM 神经网络是自组织学习网络之一，由全连接的神经元阵列组成的，具有无监督、自组织、自学习等特征。SOM 神经网络中不同区域的神经元有着不同的分工，当神经网络接受外界输入模式时，将会分为不同的反映区域，不同区域对应不同输入模式特征。SOM 神经网络原理及网络结构详见第 1 章。

　　SOM 神经网络中既可以学习输入向量数据的分布特征，也可以学习输入向量数据的拓扑结构。权值更新时，获胜神经元权值向量得到更新，其临近的神经元也按照某个临近函数进行更新，经过学习训练，最终得到一个以获胜权值向量为中心，周围分布相关或相似模式的数据集合，从而完成数据分类任务[13~16]。

SOM 神经网络的网络结构分为输入层和映射层，两层之间实现全连接，主要由以下 4 部分组成：

（1）处理单元阵列，用于接受事件的输入，并且形成对这些信号的"判别函数"。

（2）比较选择机制，用于比较"判别函数"，选择一个具有最大函数输出值的处理单元。

（3）局部互联作用，用于同时被激励的处理单元极其最临近的处理单元。

（4）自适应过程，用于修正被激励的处理单元的参数，以增加其对应于特定输入"判别函数"的输出值。

9.3　实证分析

9.3.1　数据来源及结构化处理

本章数据来源于河北省农经管理信息平台（http：//www. hbnj. org. cn/）2012 年农经统计汇总数据，计算 2012 年河北省各行业收入、各经营形式收入占农村经济总收入的百分比，得到河北省农村经济结构比例数据。

9.3.2　分类结果

本章构建一个竞争层包含 3×2 = 6 个神经元的 SOM 神经网络，其中结构函数使用 hextop（六角结构函数），距离函数为 linkdist，分别将河北省 2012 年农村经济结构和经营结构数据输入模型进行训练并仿真。设计 10、30、50、100、200、500 和 1000 等 7 个步长，分别观察不同训练步数下 SOM 模型的分类性能，最终分类结果如图 9-1~图 9-4 所示。在图 9-1 和图 9-3 中，灰色神经元表示竞争胜利的神经元，神经元中的数字表示该分类包含的样本数，样本数越多，面积越大。图 9-2 和图 9-4 中，Ⅰ~Ⅵ代表神经元，虚线代表神经元直接的连接，每个菱形中的数字表示神经元之间距离的远近，从 1 到 9，数字越大说明神经元之间的距离越远。图 9-2 中，神经元Ⅴ和神经元Ⅲ连接菱形数字较小，说明两个神经元所代表的地区农村经济结构差异不大，可考虑将两者合并，同理将神经元Ⅳ和神经元Ⅱ合并，最终将河北省 2012 年农村经济结构分为 4 类。图 9-4 中，神经元Ⅲ、神经元Ⅳ、神经元Ⅴ间的连接菱形数字较小，说明三者代表的地区农村经营结构差异不大，将 3 个神经元合并，同理合并神经元Ⅰ和神经元Ⅱ，最终将河北省 2012 年农村经营结构分为 3 类。

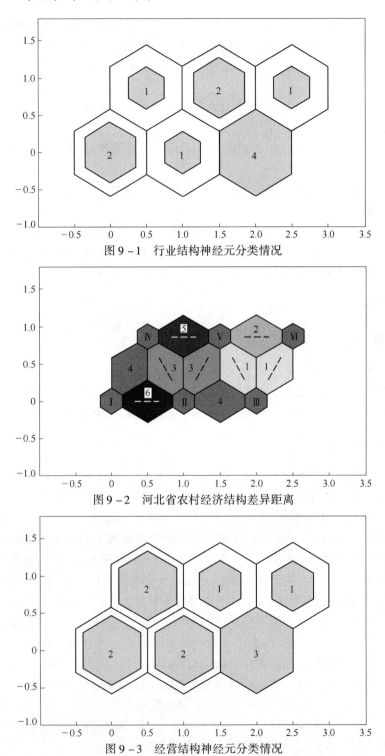

图9-1　行业结构神经元分类情况

图9-2　河北省农村经济结构差异距离

图9-3　经营结构神经元分类情况

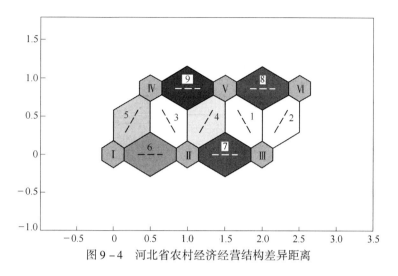

图9-4　河北省农村经济经营结构差异距离

9.3.3　行业结构差异

河北省2012年农村经济行业结构地区差异及分类情况见表9-2。由表9-2可知，河北省2012年农村经济收入主要来自于工业和农业，其中51.61%来自工业、14.88%来自农业、其他行业不足10%，因此，工业已经取代农业在河北省农村经济结构中占据主导地位。河北省农村经济结构可分为廊坊、冀中南、冀东、冀北4类地区：第1类是被称为"京津走廊"的廊坊地区，由于靠近京津两地，经济发展速度较快，农村地区工业化水平较高，经济收入主要来自于工业；第2类是河北中南部地区，包括石家庄、衡水、唐山、邢台、邯郸、保定，经济收入主要来自于工业，其次为农业；第3类为河北东部沿海地区，包括秦皇岛、沧州，由于旅游业和港口建设，工农业仍占主导，但商饮业和建筑业对农村经济收入也具有重要影响；第4类为河北北部地区，包括张家口、承德，由于该地区毗邻北京，旅游业和服务于首都的蔬菜种植业较发达，因此工农业收入虽有重要影响，但不处于支配和主导地位，经济收入来源多元化，商饮业和运输业对农民收入具有重大影响。

表9-2　河北省农村经济行业结构分类情况

类别	地区数	神经元	地　区	结　构　特　征
1	6	3、5	石家庄、衡水、唐山、邢台、邯郸、保定	工业（58.39%）、农业（14.56%）
2	2	1	张家口、承德	工业（24.05%）、农业（19.86%）、商饮业（14.66%）、运输业（10.63%）
3	2	4、2	秦皇岛、沧州	工业（47.47%）、农业（15.05%）、建筑业（9.10%）、商饮业（9.07%）
4	1	6	廊坊	工业（74.35%）

9.3.4　经营结构差异

从表 9 - 3 可以看出，河北省 2012 年农村经营结构以家庭经营、其他经营和乡（镇）办企业经营为主，其中 69.24% 来自农民家庭经营收入、17.04% 来自其他经营收入、8.99% 来自乡（镇）办企业经营收入，因此，家庭经营是河北省农村经营结构的主导组织形式，其他经营形式和乡（镇）办企业经营形式对农村经济收入有重要影响。河北省农村经营结构可分为家庭经营、家庭经营 + 其他经营、家庭经营 + 乡（镇）办企业 3 类：第 1 类为廊坊地区，主要以家庭经营为主；第 2 类为秦皇岛、张家口、沧州、石家庄、承德、邯郸地区，以家庭经营为主，其他经营形式也具有重要影响；第 3 类为乡镇企业较发达的衡水、唐山、邢台、保定地区，农村经济收入主要来自家庭经营和乡（镇）办企业。值得一提的是，廊坊市是河北省农村工业化程度最高的地区，农业收入比重较少，农村经济收入 90% 以上来自于工业，同时该地区 90% 以上的经营方式为家庭经营。

表 9 - 3　河北省农村经营结构分类情况

类别	地区数	神经元	地　区	结 构 特 征
1	1	6	廊坊	家庭经营（91.76%）
2	6	3、4、5	秦皇岛、张家口、沧州、石家庄、承德、邯郸	家庭经营（71.32%）、其他经营（19.78%）
3	4	1、2	衡水、唐山、邢台、保定	家庭经营（60.50%）、乡（镇）办企业经营（18.94%）、其他经营（15.96%）

9.4　结论与讨论

本章针对现有结构评价方法的局限性，利用 SOM 神经网络无监督、自组织、自学习、能够发现任意非线性关系的特点，对河北省 2012 年农村经济的行业结构和经营结构进行了聚类分析，结果发现：

（1）从研究结果来看，地区工业化程度对该地区农村经济收入影响最大，家庭经营方式对提高农民收入水平最为有效。

（2）河北 11 个地区农村经济结构可分为 4 类。其中，第 1 类为廊坊地区，该地区已基本实现工业化，经济收入来自工业；第 2 类为冀中南地区，包括石家庄、衡水、唐山、邢台、邯郸、保定 6 个地区，地区农村经济收入主要来自工业，而农业也有重要影响；第 3 类为冀东地区，包括秦皇岛、沧州 2 个地区，地区农村经济收入主要来自工农业，商饮业和建筑业也有重要影响，第 4 类为冀北地区，包括张家口、承德 2 个地区，地区经济收入来源多元化。

（3）河北 11 个地区农村经营结构可分为 3 类。其中，第 1 类为家庭经营形式，主要是廊坊地区；第 2 类为家庭经营形式 + 其他经营形式，主要为秦皇岛、张家口、沧州、石家庄、承德、邯郸地区；第 3 类为家庭经营形式 + 乡（镇）办企业经营形式，主要为衡水、唐山、邢台、保定地区。

（4）从区域来看，冀北农村经济受北京市影响较大，冀东受东临渤海的地理条件影响较大。冀北张家口和承德两地依托北京，发展旅游业和蔬菜种植业，带动了当地商饮业和运输业；廊坊市受惠于"京津走廊"的地理优势，工业发达，农村经济首先完成了工业化；冀东秦皇岛和沧州两地东临渤海，适宜发展旅游业和港口建设，行业上受商饮业和建筑业影响较大。

参 考 文 献

[1] 国务院发展研究中心课题组. "十二五"时期我国农村改革发展的政策框架与基本思路 [J]. 改革，2010（5）：5 ~ 20.

[2] 温家宝. 以增加农民收入为目标推进农业和农村经济结构的战略性调整 [J]. 求是，2002（3）：3 ~ 10.

[3] 陈锡文. 把握农村经济结构、农业经营形式和农村社会形态变迁的脉搏 [J]. 开放时代，2012（3）：112 ~ 115.

[4] 谭明方. 农业和农村经济结构调整的动力机制 [J]. 中南财经政法大学学报，2003（3）：44 ~ 49.

[5] 秦庆武，陈泽浦. 论我国农村经济结构的战略性调整 [J]. 中国农村经济，2000（9）：19 ~ 23.

[6] 张兵，刘丹. 当前农业结构战略性调整需要关注的问题 [J]. 农业经济问题，2013（8）：26 ~ 31.

[7] 陈锴. 农业结构调整、农业多功能性与农民收入变化 [J]. 经济问题，2011（11）：82 ~ 86.

[8] 翟荣新，刘彦随，梁昊光. 东部沿海地区农业结构变动特征及区域差异分析 [J]. 人文地理，2009（1）：72 ~ 75.

[9] 林毅夫，姜烨. 经济结构、银行业结构与经济发展——基于分省面板数据的实证分析 [J]. 金融研究，2006（1）：7 ~ 22.

[10] 吴玉督，任俊琦. 河南农业结构变动模式的实证分析 [J]. 中州学刊，2007（2）：68 ~ 70.

[11] 马期茂，严立冬. 基于灰色关联分析的我国农业结构优化研究 [J]. 统计与决策，2011（21）：92 ~ 94.

[12] 李建华，景永平. 农村经济结构变化对农业能源效率的影响 [J]. 农业经济问题，2011（11）：93 ~ 99.

[13] 刘林，喻国平. 基于自组织特征映射（SOM）网络对潜在客户的挖掘 [J]. 南昌大学学报（理科版），2006，30（5）：507 ~ 509.

［14］周杜辉，李同昇．基于 FA – SOM 神经网络的农业技术水平省际差异研究［J］．科技进步与对策，2011（3）：117 ~ 121.

［15］雷璐宁，石为人，范敏．基于改进的 SOM 神经网络在水质评价分析中的应用［J］．仪器仪表学报，2009，30（11）：2379 ~ 2383.

［16］李鸿志．提高密度泛函理论计算 Y – NO 体系均裂能精度：神经网络和支持向量机方法［D］．长春：东北师范大学，2011：30 ~ 32.

10 GM-SOM 模型在河北省农民收入结构地区差异研究中的应用

10.1 引言

增加农民收入,提高农村购买力水平,是农业和农村工作的中心任务。近年来,随着经济和社会的发展,政府采取了一系列惠农支农的政策,大力推动社会主义新农村和城镇化建设,农民收入有了一定的增长,但是增收仍较缓慢,城乡收入差距依然较大[1]。如何准确地找到影响农村居民收入的因素,进一步提高农民收入,对于推动我国经济社会发展和从农业大国到工业大国的转型升级具有重大意义。

关于农民收入较低的形成原因,提高农民收入的途径,国内外学者进行了深入研究。在国外,Zheng Liaoji 等认为多功能农业的发展模式能够提高农业综合价值,进而增加农民收入[2]。Todo Yasuyuki 等通过调研农民田间学校,认为农民人力资本素质的提升能够提高农业产出效率和农户收入[3]。Reidsma Pytrik 等以欧洲为例,分析了气候条件和变化对农产品产量和农民收入有重要影响[4]。Briggeman 等认为农民收入的提高需要政府增加农业补贴,扶持农业发展[5]。Lu Qian 等认为提高农民收入的关键是将农民从农业转移出去,增加农民非农就业机会[6]。在国内,陈乙西等从国际国内的双重视角,研究了政府政策、人力资本、土地制度、财政支农、农村金融、农业发展模式、自然和气候条件等对农民收入增长的影响,认为促进农民收入增长,要有顶层设计和系统思维,共同发挥政策环境、产业环境、土地资本、健康资本、智慧资本和金融资本的作用[7]。王永杰等以四川为研究对象,运用脉冲响应函数和方差分解方法,研究发现城镇化水平与农民人均纯收入之间存在密切的动态关系,城镇化水平对农民人均纯收入的影响强于农民人均纯收入对城镇化水平的影响[8]。杨建利等以 1991～2010 年中国财经支农资金与农民收入数据为样本,使用格兰杰因果关系检验,发现财政支农资金的增加是农民收入提高的格兰杰原因[9]。李中以湖南邵阳市跟踪调研数据为样本,运用双重差分计量经济模型,研究了农村土地流转与农民收入的关系,实证表明土地流转政策促进了农户收入的增加[10]。陆文聪等利用中国农村历年相关统计数据,研究发现农业科技进步对农民收入增长具有显著正向效应[11]。刘耀森通过实证分析发现农产品生产价格上涨对提高农民收入没有显著作用，农业生产资料价格上涨对农民收入增长有微弱负向影响，而加大政府农业支持力度，建立和完善农业综合补贴支持体系，推进农业产业化，加快农村劳动力转移，是解决农民增收困难的重要途径[12]。陈银娥等采用 1999～2008 年中国大陆地区省级面板数据，研究发现农村基础设施投资总体上对农民收入具有促进作用，但作用有限；能源基础设施投资对农民收入具有正向促进作用，而社会事业基础设施投资却存在抑制作用，交通通讯基础设施投资除西部地区外也对农民收入具有正向促进作用[13]。

以往的收入结构研究将农民收入来源分为工资性收入、转移性收入、财产性收入和家庭经营纯收入四部分，采用结构相似系数法、空间计量模型、计量经济模型等研究方法，这些研究方法多是统计方法或建立在线性的模型基础上，很难真实描述复杂的非线性关系和不确定性因素[10,14~16]。SOM 神经网络具有自我组织、自我学习、自我适应的特点，可以拟合任意形状的非线性关系，既可以学习输入向量的分布特征，也可以学习输入向量的拓扑结构，可以克服传统结构评价方法在处理非线性问题中的实际困难。本章通过统计汇总 2012 年河北省农业经济数据，从行业和经营形式两个角度，使用灰色关联模型分析了农村经济 11 个行业和 5 种经营形式对河北省 11 个地级市农民人均收入的影响，在此基础上使用 SOM 神经网络模型对河北省农民收入来源行业结构与经营结构地区差异数据进行了聚类分析，揭示了每一类地区农民收入来源的行业特征和经营形式特征。

10.2　农民收入结构

农民收入和农村经济息息相关。根据我国农业部 2003 年制定的农村经济收益分配统计表，从行业的角度来看，农村经济收入可划分为农业收入、林业收入、牧业收入、渔业收入、工业收入、建筑业收入、运输业收入、商饮业收入、服务业收入、其他收入；从经营形式的角度来看，农村经济收入可划分为乡（镇）办企业收入、村组集体经营收入、农民家庭经营收入、其他经营收入。

根据农村经济收入形态，农民收入结构可分为行业结构和经营结构两种类型，使用灰色模型，以农民人均经济收入为参考序列，各行业和经营形式人均收入为比较序列，计算河北省农民收入与各行业、经营形式的灰色关联度矩阵，见表 10-1。灰色关联度矩阵揭示了河北省农民收入与各行业、经营形式关联的紧密程度。

表 10－1 农民收入来源结构

来源类别	收入来源	代码	用法
人均所得	农民人均所得	Y	参考序列
行　业	人均农业收入	X_1	比较序列
	人均林业收入	X_2	比较序列
	人均牧业收入	X_3	比较序列
	人均渔业收入	X_4	比较序列
	人均工业收入	X_5	比较序列
	人均建筑业收入	X_6	比较序列
	人均运输业收入	X_7	比较序列
	人均商饮业收入	X_8	比较序列
	人均服务业收入	X_9	比较序列
	人均其他收入	X_{10}	比较序列
经营形式	人均乡（镇）办企业经营收入	Z_1	比较序列
	人均村组集体经营收入	Z_2	比较序列
	人均农民家庭经营收入	Z_3	比较序列
	人均农民专业合作社经营收入	Z_4	比较序列
	人均其他经营收入	Z_5	比较序列

10.3 研究方法

10.3.1 数据来源

本章数据来源为河北省农经管理信息平台（http：//www.hbnj.org.cn/）2012 年度农业经济统计汇总数据。本章使用灰色模型，以农民人均经济收入作为参考序列，以各行业和经营形式收入作为比较序列，计算得到参考序列与比较序列的灰色关联度矩阵，作为河北省农民收入结构地区差异 SOM 神经网络分类数据。

10.3.2 灰色模型

灰色模型（grey model，GM）于 20 世纪 80 年代由我国控制论专家邓聚龙教授首先提出，用于解决和处理复杂系统问题的理论，其基本思想是根据参考序列曲线和比较序列曲线几何形状的相似程度来判断两者的紧密程度。曲线越接近，参考序列和比较序列的关联度就越大，反之就越小。灰色模型具有不要求待分析序列服从某个典型的概率分布、计算量小且计算过程简单等优点，克服了回归分析等传统数理统计分析方法的不足[17]。

10.3.3 GM – SOM 神经网络

SOM 网络全称自组织特征映射（self – organizing feature map）网络，是一种无监督神经网络模型，其神经元阵列全连接，具有无指导、自组织、自学习等特征。SOM 神经网络由芬兰学者 Teuvo Kohonen 于 1981 年提出，所以也称 Kohonen 网络。训练过程中，SOM 神经网络将任意维输入模式映射到竞争层不同的神经元，以获胜神经元为圆心，使用某个"近邻函数"不断更新权值向量，激励近邻神经元，抑制远邻神经元，最终使得相似模式的输入样本总能激活物理位置上邻近神经元。不同输入模式的分布特征和拓扑结构可以同时被 SOM 神经网络模型识别[18,19]。

典型的 SOM 网络模型一般由输入层和竞争层组成，各层神经元之间实现全连接。输入层神经元负责接受外部信息，通过权值向量汇总外部信息输入到神经元激活函数，激活函数输出值再作为竞争层神经元的输入值，通过输入层和竞争层之间的权值向量映射到竞争层神经元。SOM 网络结构模型如图 2 – 2 所示。

GM – SOM 神经网络模型综合利用灰色模型和 SOM 神经网络实现聚类分析。模型计算流程如下：

（1）确定参考数列和比较数列。参考数列是系统行为特征序列，比较数列是系统行为影响因素序列。设参考序列为 $Y = \{Y(k) \mid k = 1, 2, \cdots, n\}$，比较序列为 $X_i = \{X_i(k) \mid k = 1, 2, \cdots, n\}$，$i = 1, 2, \cdots, m$。

（2）数据规范化。数据量纲不同会导致几何曲线比例失真，因此，原始数据不能直接进行比较，需要消除量纲，转化为可比较的序列。本章使用均值化的方法对数据进行规范化处理。设原始序列均值化处理后的新序列为：

$$Y' = \{y'(k)\}, y'(k) = \frac{y(k)}{\bar{y}} \quad (k = 1,2,\cdots,n) \tag{10-1}$$

$$X_i' = \{x_i'(k)\}, x_i'(k) = \frac{x(k)}{\bar{x_i}} \quad (i = 1,2,\cdots,m; k = 1,2,\cdots,n) \tag{10-2}$$

式中，$\bar{y}$、$\bar{x_i}$ 分别为参考序列和第 i 个比较序列的平均值。

（3）计算关联系数。关联系数本质是参考序列和比较序列几何曲线之间的紧密程度，即参考序列和比较序列的某个时刻（曲线的某个点）的关联程度，计算公式为：

$$\xi(k) = \frac{\min\limits_{m} \min\limits_{n} \mid y'(k) - x_i'(k) \mid + \rho \max\limits_{m} \max\limits_{n} \mid y'(k) - x_i'(k) \mid}{\mid y'(k) - x_i'(k) \mid + \rho \max\limits_{m} \max\limits_{n} \mid y'(k) - x_i'(k) \mid} \tag{10-3}$$

式中，ρ 称为分辨系数，一般在 $[0, 1]$ 中取值，通常取 $\rho = 0.5$；$\min\limits_{m} \min\limits_{n} \mid y_j' - x_{ij}' \mid$ 和 $\max\limits_{m} \max\limits_{n} \mid y_j' - x_{ij}' \mid$ 分别为两级最小差和最大差。

（4）计算关联度。关联系数代表的是参考序列和比较序列在某个时刻（曲线的某个点）的关联程度值，由于它的数值有多个，信息过于分散，因此对信息集中处理，计算关联系数的平均值来代表参考序列和比较序列整体关联程度，即：

$$r_i = \frac{1}{n} \sum_{k=1}^{n} \xi_i(k) \quad (k = 1, 2, \cdots, n) \tag{10-4}$$

式中，r_i 为比较序列 $\boldsymbol{X}_i$ 和参考序列 $\boldsymbol{Y}$ 的关联度。

（5）SOM 模型初始化。设 $w_{ij}(i = 1, 2, \cdots, N; j = 1, 2, \cdots, M)$ 为输入层神经元 i 和映射层神经元 j 的权值，用 $[0, 1]$ 区间内随机数对 w_{ij} 赋初始值。同时，设定学习率 $\eta(t)$ 的初始值 $\eta(0)(0 < \eta(0) < 1)$。

（6）输入训练样本。输入层神经元接受输入向量 $\boldsymbol{X} = (x_1, x_2, \cdots, x_m)^{\mathrm{T}}$ 外部信息的录入。

（7）寻找网络获胜节点。通过计算竞争层神经元权值向量和输入向量的欧氏距离寻找获胜神经元。竞争层的第 j 个神经元和输入向量的距离，计算公式如下：

$$d_j = \parallel \boldsymbol{X} - \boldsymbol{W}_j \parallel = \sqrt{\sum_{i=1}^{m} (x_i(t) - w_{ij}(t))^2} \tag{10-5}$$

式中，具有最小距离 $d_k = \min\limits_{j}(d_j)$ 的神经元 k 为胜出神经元，记为 k^*。

（8）定义优胜邻域。优胜邻域 $S_k(t)$ 为获胜神经元 k^* 临近神经元集合。随着迭代次数的增加，优胜邻域 $S_k(t)$ 将不断缩小。

（9）调整网络权值。修正输出神经元 k^* 及其"邻接神经元"的权值：

$$w_{ik}(t+1) = w_{ik}(t) + \eta(t)(x_k(t) - w_{ik}(t)) \tag{10-6}$$

式中，η 为一个常数，$0 < \eta < 1$，随着时间变化逐渐下降到 0，一般取 $\eta(t) = \dfrac{1}{t}$

或 $\eta(t) = 0.2 \times \left(1 - \dfrac{t}{10000}\right)$。

（10）输入新样本，重复上述学习过程。当学习速率 $r(t)$ 衰减到 0 或某个预定正值，结束模型训练。

10.4　结果与分析

10.4.1　计算灰色关联度矩阵

使用灰色模型，以农民人均经济收入作为参考序列，以各行业收入作为比较序列，通过式（10-1）~ 式（10-3）计算得到河北省农民人均收入和行业收入的灰色关联度矩阵，作为河北省农民收入来源行业结构地区差异 SOM 神经网络的训练样本数据。同理，得到河北省农民收入来源经营结构地区差异 SOM 神经网络的训练样本数据。

10.4.2　SOM 神经网络聚类结果

本章构建一个竞争层包含 $3 \times 2 = 6$ 个神经元的 SOM 神经网络，其中结构函数使用 hextop（六角结构函数），距离函数为 linkdist，分别将河北省 2012 年农民收入来源行业结构和经营结构灰色关联系数矩阵数据输入模型进行训练并仿真。设计 10、30、50、100、200、500、1000、2000、4000、7000、10000 十一个步长分别观察不同训练步数下 SOM 模型的分类性能，最终分类结果如图 10－1 ～图 10－4 所示。

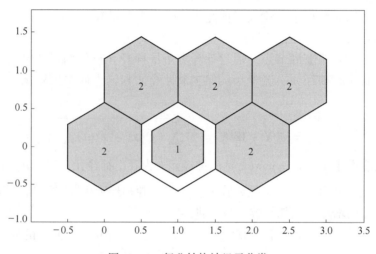

图 10－1　行业结构神经元分类

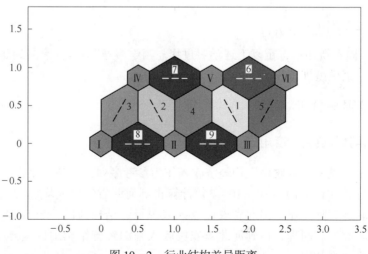

图 10－2　行业结构差异距离

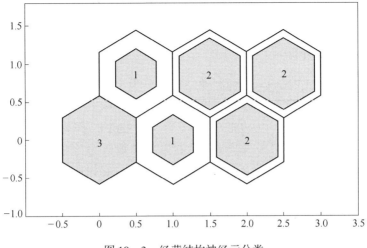

图 10－3　经营结构神经元分类

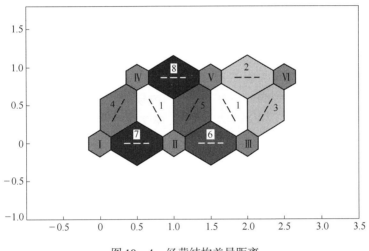

图 10－4　经营结构差异距离

图 10－1 和图 10－3 中，灰色神经元表示竞争胜利的神经元，神经元里的数字表示该分类包含的样本数，样本数越多，面积越大。图 10－2 和图 10－4 中，Ⅰ～Ⅵ表示神经元，虚线表示神经元的连接，神经元之间菱形的数字表示神经元距离的远近，从 1 到 9 依次增大，数字越大说明距离越远。

图 10－2 中，神经元Ⅲ和神经元Ⅴ连接菱形数字较小，这说明两个神经元所代表的地区农民收入来源行业结构差异不大，可考虑将两者合并，最终将 2012 年河北省农民收入来源行业结构分为 5 类。图 10－4 中，神经元Ⅰ和神经元Ⅳ的连接菱形数字较小，说明两者代表的地区农民收入来源经营结构差异不大，将两

个神经元合并，同理合并神经元Ⅲ和神经元Ⅴ，最终将2012年河北省农民收入来源经营结构分为4类。

10.4.3 行业结构分析

河北省2012年农民收入来源行业结构可分为5类地区，见表10-2。其中，第一类地区包括廊坊市和承德市，地区农民人均收入6099元，居全省第3位，农民收入与其他行业（0.9589）、牧业（0.9362）关联度最高，与工业（0.6363）、林业（0.6684）关联度最低；第二类地区为沧州市，地区农民人均收入5721元，居全省倒数第2位，收入来源较多，农民收入与工业（1.0000）、服务业（0.9835）、林业（0.9719）、渔业（0.9627）关联度较强，与建筑业（0.7010）、农业（0.8317）、其他行业（0.8395）关联度较低；第三类地区包括石家庄市、邢台市、邯郸市和保定市，该地区为冀中南平原地区，农民人均收入5533元，全省最低，主要来自于农业（0.9570）、牧业（0.9173）、工业（0.9101），而来自渔业（0.6611）、其他行业（0.7925）、林业（0.8295）的收入较少；第四类地区包括衡水市和张家口市，地区农民人均收入6418元，居全省第2位，主要来自运输业（0.9167）和牧业（0.9068），而来自渔业（0.6969）、工业（0.7259）、服务业（0.7697）的收入较少；第五类地区包括唐山市和秦皇岛市，该地区为冀东沿海地区，农民人均收入7486元，全省最高，主要来自于运输业（0.9349）和服务业（0.9094），而来自渔业（0.3498）、其他行业（0.7982）、林业（0.7985）的收入较少。

表10-2 行业结构地区分类情况

类 别	地区数	神经元	地 区
1	2	1	廊坊、承德
2	1	2	沧州
3	4	3、5	石家庄、邢台、邯郸、保定
4	2	4	衡水、张家口
5	2	6	唐山、秦皇岛

总体来看，河北省农民收入主要来自运输业（0.9060）、牧业（0.8956）和农业（0.8914），而来自于渔业（0.6536）、林业（0.8159）和工业（0.8195）的收入较少，见表10-3。冀东地区农民收入最高，冀中南地区农民收入最低。农民收入水平与当地农村经济第二产业和第三产业存在正相关，非农产业越发达，农民收入水平越高。因此，提高农民收入必须在非农产业上想办法，大力发展农村第二、三产业。

表 10-3 行业结构灰色关联度矩阵

行 业	第1类地区	第2类地区	第3类地区	第4类地区	第5类地区
农业	0.9040	0.8317	0.9570	0.7708	0.8982
林业	0.6684	0.9719	0.8295	0.8756	0.7985
牧业	0.9362	0.8644	0.9173	0.9068	0.8162
渔业	0.7447	0.9627	0.6611	0.6969	0.3498
工业	0.6363	1.0000	0.9101	0.7259	0.8250
建筑业	0.8301	0.7010	0.8771	0.8600	0.8275
运输业	0.8583	0.9130	0.9082	0.9167	0.9349
商饮业	0.9034	0.9226	0.8557	0.8589	0.8814
服务业	0.7643	0.9835	0.8412	0.7697	0.9094
其他	0.9589	0.8395	0.7925	0.8127	0.7982
人均收入	6099.4200	5720.8300	5533.0500	6417.7662	7486.3350

10.4.4 经营结构分析

河北省 2012 年农民收入来源经营结构可分为 4 类地区，见表 10-4。第一类地区包括邢台市、保定市、沧州市，地区农民人均收入 5529 元，居全省倒数第 2 位，主要来自乡（镇）办企业经营方式（0.9499）、村组集体经营方式（0.9483）；第二类地区为承德市、秦皇岛市，地区农民人均收入 5356 元，全省最低，主要来自其他经营方式（0.9080）、农民家庭经营方式（0.8649）、村组集体经营方式（0.8606）；第三类地区包括唐山市、张家口市、衡水市、邯郸市，地区农民经济收入 6706 元，居全省第 2 位，以农民家庭经营方式（0.8615）、其他经营方式（0.8438）为主；第四类地区包括石家庄市、廊坊市，地区农民收入 7754 元，全省最高，主要来自村组集体经营方式（0.9277）。

表 10-4 经营结构地区分类情况

类 别	地区数	神经元	地 区
1	3	1	邢台、保定、沧州
2	2	2、4	承德、秦皇岛
3	4	3、5	唐山、张家口、衡水、邯郸
4	2	6	石家庄、廊坊

总体来看，农民人均收入和村组集体经营方式（0.8467）、其他经营方式

（0.8408）和农民家庭经营方式（0.8304）的关联度最高，而与乡（镇）办企业经营方式（0.6690）和农民专业合作社经营方式（0.7452）的关联度最低，见表 10-5。村组集体经营方式是提高农民收入最佳组织方式，乡（镇）办企业经营和农民专业合作社经营表现不佳，可见，乡（镇）办企业经营和农民专业合作社经营的合作关系中，农民处于依从地位，处于主导地位的龙头企业截留了大部分农业产业化增值效益。因此，农村经济经营方式的选择不仅要考虑经营方式对农民的有效组织程度，还要考虑该经营方式中农民主体地位能否得到保障。

表 10-5　行业结构灰色关联度矩阵

经营形式	第 1 类地区	第 2 类地区	第 3 类地区	第 4 类地区
乡（镇）办企业	0.9499	0.7153	0.4821	0.5755
村组集体	0.9483	0.8606	0.7230	0.9277
农民家庭	0.8734	0.8649	0.8615	0.6694
农民专业合作社	0.8726	0.7749	0.7422	0.5306
其　他	0.9193	0.9080	0.8438	0.6500
人均收入	5528.5516	5356.3400	6705.9525	7753.6800

10.5　建议

（1）大力发展农村非农产业，推动农村劳动力就业方向转变。

从实证结果来看，冀东地区农民收入最高，冀中南地区农民收入最低，而冀东地区农民主要收入来源为运输业，冀中南地区农民主要收入主要来源为农业，可见，农民直接从农业得到的受益较少，提高农民收入必须加快农村运输业、服务业、工业等非农产业的发展，增加农民非农就业渠道，将更多的农村劳动力转移到第二、三产业中来。

（2）创新农业经营方式，提高农民组织化程度，推动农业产业化。

我国农业生产实行家庭承包责任制，农户生产规模小、分散经营，以提供农业初级产品为主，在激烈的市场竞争中处于一种十分不利的交易和谈判地位，因此，必须通过创新经营方式将农民有效组织起来，实行纵向一体化经营，将更多的农产品加工和销售利润保留在农民手里，从而提高农民收入。

从组织化程度来讲，乡（镇）办企业和农民专业合作社一般高于村组集体和农民家庭经营的，但从实证结果来看，河北省农民收入来自村组集体经营方式、其他经营方式和农民家庭经营方式的收入较多，而来自乡（镇）办企业经营方式和农民专业合作社经营方式的收入较少。这说明在乡（镇）办企业经营和农民专业合作社经营的合作关系中，农民处于依从地位，而龙头企业处于主导地位，截留了大部分农业产业化增值效益。因此，选择农业经营方式，不仅要考虑该组织类型本身的组织化程度，同时还要考虑农民的组织地位。从河北省的实际情况来看，村组集体经营方式是提高农民收入最佳组织方式，既有效组织了农民，也有效保障了农民的主体地位。

（3）利用好地缘和地理优势，发展特色农业和服务业。

冀北张家口、承德两市毗邻北京，同时旅游资源丰富，可依托"环首都"的地缘优势，发展蔬菜种植业、养殖业和旅游业，带动当地运输业、牧业和商饮业的发展，提高农民收入；廊坊地区靠近京津两地，为"京津走廊"，应主动对接北京和天津两地产业，发展工业，带动当地农村地区实现工业化和城镇化；冀东秦皇岛、唐山、沧州三地，可利用东临渤海的地理优势，重点发展旅游业和港口建设，带动地区商饮业、建筑业发展，增加农民收入。

（4）大力推动渔业和渔业市场发展。

河北省是一个沿海省份，东北部有三个地级市靠近渤海，但渔业对河北省农民收入的贡献较低，即便在靠近渤海的秦皇岛、唐山和沧州三地，渔业在当地农民收入来源中也不占据主要地位，这说明河北省渔业非常落后，渔业资源有很大的开发潜力。因此，河北省在加强和改善海洋渔业环境的基础上，应加快渔业产业化经营、提高渔业养殖水平和组织化程度，加大渔业政策和金融扶植力度，推动河北省渔业市场的发展与繁荣。

参 考 文 献

［1］国务院发展研究中心课题组．"十二五"时期我国农村改革发展的政策框架与基本思路［J］．改革，2010（5）：12～14.

［2］Zheng L J, Liu H Q. Increased farmer income evidenced by a new multifunctional actor network in China［J］. Agronomy for Sustainable Development，2014，34（2）：515～523.

［3］Todo Y, Takahashi R. Impact of farmer field schools on agricultural income and skills: Evidence from an aid－funded project in rural Ethiopia［J］. Journal of International Development，2013，25（3）：362～381.

［4］Reidsma P, Ewert F, Lansink A O, et al. Vulnerability and adaptation of European farmers: A multi－level analysis of yield and income responses to climate variability［J］. Regional Environmental Change，2009，9（1）：25～40.

［5］Briggeman B C, Gray A W, Morehart M J, et al. A new US farm household typology: Implications for agricultural policy［J］. Review Of Agricultural Economics，2007，29（4）：765～782.

［6］Lu Q, Miao S S. Farmer income differential in regions farmer income differential in regions［J］. Chinese Geographical Science，2006，16（3）：199～202.

［7］陈乙酉，付园元．农民收入影响因素与对策：一个文献综述［J］．改革，2014（9）：

67~72.

[8] 王永杰，宋旭，邓海艳. 城镇化水平与农民收入关系的动态计量经济分析——以四川省为例 [J]. 财经科学，2014（2）：96~105.

[9] 杨建利，岳正华. 我国财政支农资金对农民收入影响的实证分析——基于 1991~2010 年数据的检验 [J]. 软科学，2013，27（1）：42~46.

[10] 李中. 农村土地流转与农民收入——基于湖南邵阳市跟踪调研数据的研究 [J]. 经济地理，2013，33（5）：145~149.

[11] 陆文聪，余新平. 中国农业科技进步与农民收入增长 [J]. 浙江大学学报（人文社会科学版），2013，43（4）：5~16.

[12] 刘耀森. 农产品价格与农民收入增长关系的动态分析 [J]. 当代经济研究，2012（5）：43~48.

[13] 陈银娥，刑乃千，师文明. 农村基础设施投资对农民收入的影响——基于动态面板数据模型的经验研究 [J]. 中南财经政法大学学报，2012（1）：97~103.

[14] 李小红，孔令孜，覃泽林. 广西贫困县农民收入现状及可持续增长路径分析 [J]. 南方农业学报，2013，44（7）：1225~1232.

[15] 陈锴. 农业结构调整、农业多功能性与农民收入变化——基于长三角苏、浙、沪地区的实证研究 [J]. 经济问题，2011（11）：82~86.

[16] 刘秉镰，赵晶晶. 我国省域农民收入影响因素的空间计量分析 [J]. 当代经济科学，2010，32（5）：32~37.

[17] 刘红峰，刘惠良. 基于灰色关联的两型农业科技创新测度研究 [J]. 湖南科技大学学报（社会科学版），2014，17（1）：102~110.

[18] 杨志民，化祥雨，叶娅芬，等. 金融空间联系与 SOM 神经网络中心等级识别——以浙江省县域为例 [J]. 经济地理，2014，34（12）：93~98.

[19] 周杜辉，李同昇. 基于 FA–SOM 神经网络的农业技术水平省际差异研究 [J]. 科技进步与对策，2011，28（3）：117~121.

11 信息粒化和 **PSO – SVR** 模型预测棉花价格波动区间和变化趋势

11.1 引言

增加农民收入，提高农村购买力水平，是我国农业和农村工作当前面临的中心任务[1]。由于我国农业实行家庭联产承包责任制，农业生产规模小，经营分散，农业市场价格信息机制不健全，农产品行情好的时候，大家一拥而上，供大于求，导致价格迅速下跌，造成了某些农产品价格大起大落，不仅使农民损失惨重，而且极大地挫伤了农民从事农业生产的积极性，对农业生产造成严重破坏。如果农产品价格未来波动区间和变化趋势能得到准确预测，广大农民就能有效规避市场风险，提高农业收入，政府就能制定农业政策，实施有针对性的宏观调控，因此，研究科学有效的农产品价格预测方法有着十分重要的意义。

从国内外对农产品价格预测[2~19]的情况来看，预测方法总体上大致可分为定性和定量两类。定性预测方法主观随意性大，预测精确度低，主要作为其他预测方法的补充，在农产品价格预测领域不占主流；定量预测方法按照时间出现可分为计量经济方法、时间序列分析方法和智能预测方法 3 类。计量经济方法先提出研究问题，找到问题支撑经济理论，再提出假设，然后参照经济理论建立计量经济模型对假设进行检验。因为大多数实证研究并未证明经典计量经济模型的预测效果优于时间序列分析方法，计量经济方法在 20 世纪 90 年代逐渐被时间序列分析方法取代。由于农产品市场价格预测的复杂度和难度较大，价格波动总是呈现反复涨跌、不稳定、良恶性循环不止等特点，智能预测方法本身所具备的自我适应、自我学习、自我组织的优点，很好适应了农产品市场价格波动的特点。常用的智能预测方法有人工神经网络、灰色系统、粗糙集、小波分析、遗传算法等。上述预测方法的不足是使用单一模型对农产品时间点数据进行预测，现实生活中，人们更关注农产品价格的波动区间和变化趋势。本章以国家棉花价格 A 指数为例，采用模糊信息粒化的方法，以 5 个连续交易日为一组，将数据映射为低边界值 *Low*、中值 *R* 和高边界值 *Up* 3 个模糊信息粒子，然后使用粒子群优化算法 PSO 寻找支持向量回归机（SVM）模型的最佳参数 *c* 和 *g*，最后使用优化好的支持向量回归机（SVM）模型预测未来时期国棉价格 A 指数的最低价、均价和最高价，从而得到国棉价格 A 指数未来波动区间和变化趋势。

11.2　模型构建

11.2.1　模糊信息粒化模型

信息粒化的概念最早由 L. A. Zadeh 教授提出。信息粒是对象的集合，这些对象由于功能相似性、相近性、不可区分性、函数性等结合在一起。粒化计算是涵盖粒化理论、技术、方法和工具的一种新的计算方式，它集计算理论、熵空间理论、粗糙集理论、区间计算等为一体，是当前人工智能和软计算科学领域的热点之一。

信息粒化方法主要有粗糙集信息粒化理论、模糊集信息粒化理论、熵空间信息粒化理论 3 种类型。其中，以模糊集形式表示的信息粒称为模糊信息粒。模糊集方法对时间序列数据进行粒化处理，主要包括窗口划分和模糊化两个步骤。将原始时间序列分割为若干子序列，称为窗口划分；将划分后的子窗口进行模糊化处理，生成一个个模糊集，称为模糊化。两者结合就是模糊信息粒化，也称为 f 粒化。假定将时间序列数据 X 看成一个窗口，模糊化处理的任务就是建立一个模糊信息粒子 P，使其能够取代原窗口数据，即确定模糊概念 G（以 X 为论域的模糊集合），使其能够合理描述 $X^{[19~22]}$。

因此，模糊化过程的本质是确定模糊概念 G 的隶属函数 A 的过程。常用的模糊粒子隶属函数基本形式包括三角形、抛物线形、高斯型、梯形等。本章采用三角形模糊粒子，其隶属函数为：

$$A(x,a,m,b) = \begin{cases} 0 & (x < a) \\ \dfrac{x-a}{m-a} & (a \leqslant x \leqslant m) \\ \dfrac{b-x}{b-m} & (m \leqslant x \leqslant b) \\ 0 & (x > b) \end{cases} \tag{11-1}$$

式中，原始时间序列数据使用 x 表示；原始数据变化的最小值、平均值和最大值分别使用模糊粒子参数 a、b、m 描述。

11.2.2　粒子群优化算法参数寻优

粒子群优化（particle swarm optimization）简称 PSO 算法，是由 Kennedy 和 Eberhart 于 1995 年开发的基于群体智能的演化计算技术。与遗传算法相比，PSO 算法没有选择、交叉、变异等操作。PSO 算法源于对鸟群捕食和人工生命行为的研究，它将个体看做多维空间中的微粒，让粒子在解空间追随最优例子进行搜索，根据环境适应度函数，将粒子移动到好的区域。

本章以训练集准确率为适应度函数，使用 PSO 算法寻找 SVM 模型的最佳的惩罚参数 c 和核函数参数 g，算法整体流程如图 11 – 1 所示。

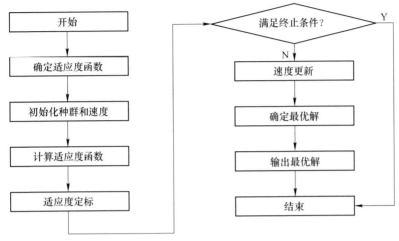

图 11 – 1　PSO 优化 SVM 参数（$c \& g$）流程

11.2.3　SVM 模型

支持向量机（support vector machine，SVM）于 1995 年由 Vapnik 首先提出，既可用于模式分类，也可用于非线性回归分析。SVM 模型是一种有监督的学习算法，其理论基础是结构风险最小原理（SRM）和统计学 VC 维理论。SVM 模型的主要思想是，将非线性分类问题，通过核函数映射和建立分类高维决策曲面，转化为多维空间线性凸二次规划问题。SVM 算法复杂度和样本维度无关，具有通用性、鲁棒性、有效性、计算简单和理论完善等优点，其解唯一且全局最优，避免了神经网络方法陷入局部极值的问题[19~22]。

在线性可分情况下，SVM 算法的核心是寻找最优分类决策面，假定训练样本线性可分数据集 T：

$$T = \{(x_1, y_1), (x_2, y_2), \cdots, (x_l, y_l)\} \in (\boldsymbol{x} \times \boldsymbol{y})^l$$
$$(x_i \in \boldsymbol{R}^n, y_i \in \{-1, 1\}, i = 1, \cdots, l)$$

构建二次规划问题，表示为：

$$\min_{\omega, b} \frac{1}{2} \| \omega \|^2, s.t.\ y_i((\omega \cdot x_i) + b) \geqslant 1 \quad (i = 1, \cdots, l) \qquad (11-2)$$

由最优解 ω^* 和 b^* 确定的分类面，表示为：

$$\omega^* \cdot x + b^* = 0 \qquad (11-3)$$

构造决策函数如下：

$$f(x) = \mathrm{sgn}[(\omega^* \cdot x) + b^*] \qquad (11-4)$$

SVM 算法具有稀疏性特征，使用少数支持向量表示决策函数。为保证这个重要特性，当 SVM 算法用于解决非线性回归问题时，需要引入损失函数。以标准 ε 不敏感损失函数为例，其 ε – SVM 模型形式为：

$$\min \frac{1}{2} \parallel \omega \parallel^2 + C \sum_{i=1}^{m} (\xi_i + \xi_i^*), s.t. \begin{cases} y_i - \omega \cdot x_i - b \leqslant \varepsilon + \xi_i \\ \omega \cdot x_i + b - y_i \leqslant \varepsilon + \xi_i^* \\ \xi_i, \xi_i^* \geqslant 0 \end{cases} \quad (11-5)$$

式中，ξ_i、ξ_i^* 为松弛变量，代表模型误差要求；C 为惩罚参数，用于度量经验风险和置信范围相互匹配的程度。

11. 2. 4　预测流程

基于模糊信息粒化方法的 PSO – SVM 时序回归模型预测流程如下：

（1）提取国家棉花价格 A 指数时间序列数据。

（2）使用三角形模糊信息粒子对原始国家棉花价格 A 指数时间序列数据进行处理，得到 3 个代表原始棉花价格窗口最低价、均价和最高价的模糊信息粒子。

（3）使用粒子群优化算法 PSO 选择支持向量回归机（SVM）算法的最佳参数 c 和 g。

（4）利用优化好的支持向量回归机（SVM）预测未来 1～5 和 6～10 个交易日的棉花价格。

（5）验证预测结果。

11.3　实证分析

11.3.1　数据来源

本章选取中国棉花网（http：//www. cncotton. com/）2002 年 7 月 28 日至 2013 年 12 月 31 日国家棉花价格 A 指数（简称国棉 A 指数）时间序列数据作为实证研究对象，国棉 A 指数每交易日价格变化趋势如图 11 – 2 所示，以此为依据预测 2014 年 1 月 2～15 日的国棉 A 指数的最高价、最低价、平均价及其变动趋势。

11.3.2　模糊信息粒化

选取 2002 年 7 月 28 日至 2013 年 12 月 31 日共 2835 个交易日的数据作为训练集，以 5d 作为一个信息粒化窗口，将国棉价格 A 指数模糊粒化为 *Low*、*R*、*Up* 3 个参数，如图 11 – 3 所示。对于单窗口模糊粒子，参数 *Low*、*R*、*Up* 分别描述的是原始数据变化的最小值、均值和最大值。

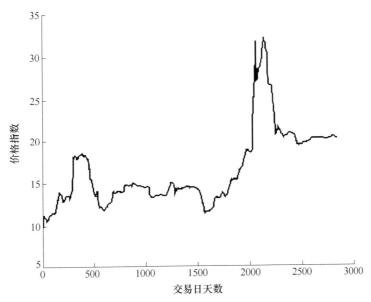

图 11 – 2　棉花价格 A 指数（2002 年 7 月 28 日至 2013 年 12 月 31 日）

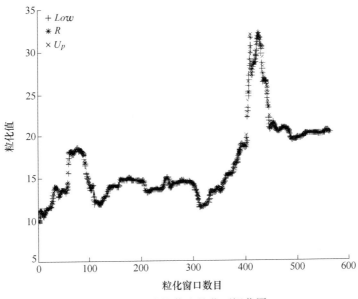

图 11 – 3　模糊信息粒化可视化图

11. 3. 3　SVM 模型粒化数据回归预测

　　SVM 模型对 *Low*、*R*、*Up* 3 个参数进行回归预测的过程，首先对数据进行预处理，然后使用粒子群优化算法（PSO）寻找最佳的惩罚参数 c 和核函数参数 g，最后利用 SVM 模型进行训练和预测。以参数 *Low* 的预测为例，步骤如下：

（1）数据预处理。本章将数据归一化处理，数据归范围为［100，500］，如图 11 - 4 所示。

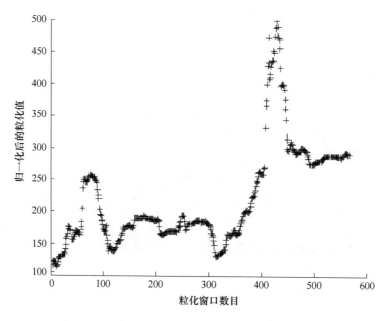

图 11 - 4　参数 *Low* 归一化处理

（2）寻找最佳参数 c 和 g。SVM 模型如果想获得比较理想的回归效果，必须设置和调节相关的参数，其中最重要的是惩罚参数 c 和核函数参数 g。以往研究使用网格划分（grid search）的方法寻找支持向量回归机（SVM）最佳的参数 c 和 g。这种方法虽然可以找到全局最优解，即最佳回归准确率，但往往是在指定范围内进行搜寻，搜寻范围一旦扩大，算法训练时间将会很长。粒子群优化算法（PSO）是一种启发式参数搜寻方法，它能够在不遍历网格所有参数点的条件下，搜寻到支持向量回归机（SVM）最佳参数 c 和 g。本章使用粒子群优化算法（particle swarm optimization，PSO）寻找 SVM 模型训练函数的最佳参数，种群数量设为 20，终止迭代次数设为 200，最终获得最佳参数 $c = 100$，最佳参数 $g = 0.083933$，搜寻过程适应度曲线如图 11 - 5 所示。

（3）SVM 模型训练。利用最佳参数确定的模型所预测的 2002 年 7 月 28 日至 2013 年 12 月 31 日国棉价格 A 指数的最低价、均价、最高价，并将预测值、真实值及相对误差输出，如图 11 - 6 和图 11 - 7 所示。从图 11 - 6 和图 11 - 7 可以看出，除国棉价格高峰回落时期，预测误差较大之外，其余时间预测误差值都在 0 值上下小幅振动，可以得出模糊粒子 *Low* 总体预测精度较高。

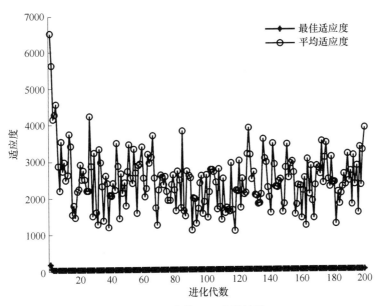

图 11 – 5　参数 *Low* 选择结果

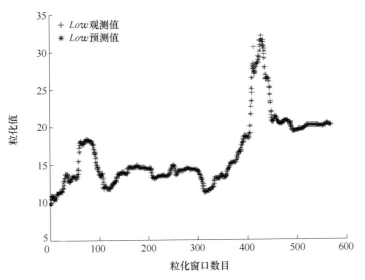

图 11 – 6　*Low* 观测值与预测值对比

（4）SVM 模型预测。以 5 个交易日数据为一组，预测接下来两组共 10 个交易日（2014 年 1 月 2 日至 15 日）国棉价格 A 指数的变动区间和变化范围。对粒化数据的 *R* 和 *Up* 重复上述数据预处理、寻找最佳参数、SVM 训练、SVM 预测的回归预测过程，最终得到 3 个模糊粒子 *Low*、*R* 和 *Up* 未来两个周期的预测值，见表 11 – 1。

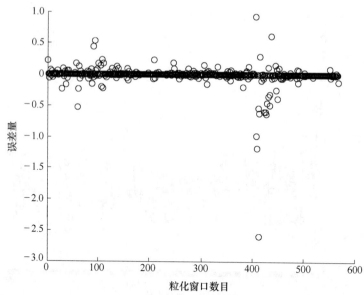

图 11-7 *Low* 预测误差

表 11-1 国棉价格 A 指数变动区间预测

时 间 范 围	*Low* 预测值	*R* 预测值	*Up* 预测值
2014 年 1 月 2 日至 8 日	19.9455	20.0204	20.0699
2014 年 1 月 9 日至 15 日	19.7890	19.8826	19.9371

11.3.4 预测效果验证

将 2014 年 1 月 2 日至 15 日国棉 A 指数真实价格与预测价格进行比较，检测模型的预测效果，见表 11-2。结果表明，2014 年 1 月 2 日至 8 日国棉 A 指数最低价、均价、最高价分别为 20.237 元/kg、20.241 元/kg、20.244 元/kg，对应的预测值分别为 19.9455 元/kg、20.0204 元/kg、20.0699 元/kg，预测误差分别为 1.44%、1.09%、0.86%；1 月 9 日至 15 日国棉 A 指数最低价、均价、最高价分别为 20.211 元/kg、20.227 元/kg、20.237 元/kg，对应的预测值分别为 19.7890 元/kg、19.8826 元/kg、19.9371 元/kg，预测误差分别为 2.09%、1.70%、1.48%。

表 11-2 国棉价格 A 指数预测效果验证

时 间 范 围	实际变化范围 （ [*Low*, *R*, *Up*])	预测变化范围 （ [*Low*, *R*, *Up*])	相对误差 （ [*Low*, *R*, *Up*])
2014 年 1 月 2 日至 8 日	[20.237, 20.241, 20.244]	[19.9455, 20.0204, 20.0699]	[1.44%, 1.09%, 0.86%]
2014 年 1 月 9 日至 15 日	[20.211, 20.227, 20.237]	[19.7890, 19.8826, 19.9371]	[2.09%, 1.70%, 1.48%]

从价格波动区间的预测效果来看，最低价 Low 的预测准确，均价 R 和最高价 Up 的预测值略低于观测值，且均价 R 的预测误差略高于最高价的预测误差；对第二个周期的预测误差高于第一个周期，因此，预测时间越远，误差越大；预测误差波动范围第一个周期不超过 1.09%，第二个周期不超过 1.7%，在可接受的范围之内，模糊信息粒化和 PSO – SVR 时序回归模型对国棉价格 A 指数未来波动区间的预测总体较精确。

从变化趋势的预测效果来看，第二个周期的价格相较于第一个周期是下降的，这和国棉价格 A 指数的观测一致，模糊信息粒化和 PSO – SVR 时序回归模型对国棉价格 A 指数未来变化趋势的预测完全正确。

11.4 结论

农产品价格市场存在较多的不确定性和随机波动因素，预测难度较大。本章使用三角形模糊信息粒化方法对原始国家棉花价格指数时间序列数据进行粒化处理，然后使用粒子群优化算法 PSO 优化支持向量回归机（SVM）模型的最佳参数 c 和 g，最后使用训练好的支持向量回归机（SVM）模型预测国棉价格 A 指数未来时期的波动区间和变化趋势。实证结果表明：

（1）模糊信息粒化方法将原始国棉花价格 A 指数时间序列数据粒化，使用模糊信息粒子 Low、R 和 Up 来表征未来预测区间价格变动的最低价、均价和最高价，预测验证效果表明预测区间能够较准确地描述国棉价格 A 指数实际观测区间的波动变化范围。

（2）使用粒子群优化算法 PSO 优化支持向量回归机（SVM）模型参数，可以在更大范围找到全局最优解，不必遍历所有参数点。

（3）基于模糊信息粒化的 PSO – SVM 回归模型对国棉价格 A 指数未来波动范围和变化趋势的预测是准确有效的，这说明模型在非线性模拟、自适应学习和处理不完全的复杂信息方面具有一定的优势。

（4）模型可推广预测其他农产品市场价格的波动，也可为其他领域的时间序列数据预测提供一定的借鉴。

（5）基于模糊信息粒化的 PSO – SVM 时序回归模型仍存在一定的不足。惩罚参数 c 和核函数参数 g 的搜寻方法还可以进一步优化，从而进一步提高模型预测的准确性和稳定性。

参 考 文 献

[1] 温家宝. 以增加农民收入为目标推进农业和农村经济结构的战略性调整 [J]. 求是,

2002（3）：3～10.

［2］Heray L M. Forecasting the yield and the price of cotton［M］. New York：The Macmillan Company Press，1917.

［3］Sarle C F. The forecasting of the price of hogs［J］. American Economic Review，1925，15（3）：1～22.

［4］Gzekiel M. Two methods of forecasting hog prices［J］. Journal of the American Statistical Association，1927，22（157）：22～30.

［5］Clifton B C，Patrick J L. Predicting hog prices［J］. American Journal of Agricultural Economics，1956，38（4）：931～939.

［6］Wilbur R M. Forecasting livestock supplies and prices with an econometric model［J］. American Journal of Agricultural Economics，1963，45（3）：612～624.

［7］Jairett F G. Short Tenn Forecasting of Australian Wool Prices［J］. Australian Economic Paper，1965，4（1～2）：93～102.

［8］Caigill T F，Rausser G C. Time and frequency domain representations of futures price as a stochastic process［J］. Journal of the American Statistical Association，1972，67（337）：23～30.

［9］Brandt J A，Bessler D A. Forecasting with vector auto regressions versus an univariate ARIMA process：An empirical example with U. S. hog prices［J］. North Central Journal of Agricultural Economics，1984，6（2）：29～36.

［10］Taylor J. Volatility forecasting with smooth transition exponential smoothing［J］. International Journal of Forecasting，2004，2（20）：273～286.

［11］许彪，施亮，刘洋. 我国生猪价格预测及实证研究［J］. 农业经济问题，2014（8）：25～32.

［12］贾宝疆. 中国主要农产品销售价格预测［J］. 统计与决策，2014（20）：100～102.

［13］张立杰，寇纪淞，李敏强，等. 基于自回归移动平均及支持向量机的中国棉花价格预测［J］. 统计与决策，2013（6）：30～33.

［14］徐明凡，刘合光. 关于我国鸡蛋价格的预测及分析［J］. 统计与决策，2014（6）：104～107.

［15］张瑞荣，王济民，申向明. 肉鸡产品价格预测模型分析［J］. 农业技术经济，2013（8）：23～31.

［16］林明，杨林楠，彭琳，等. 基于 BFGS – NARX 神经网络的农产品价格预测方法［J］. 统计与决策，2013（16）：18～20.

［17］韩士专，龙永康. 我国玉米期货价格预测实证分析［J］. 江西社会科学，2012（6）：60～64.

［18］王会娟，肖佳宁，曲双石. 中国玉米批发价格的短期预测及预警［J］. 中国农村经济，2013（9）：44～53.

［19］韩延杰. 一种基于模糊信息粒化和 GA – SVM 的农产品价格预测方法［J］. 农业网络信

息，2012 (11)：16 ~ 20.

[20] 张清周，黄源，赵明．SVM 的信息粒化时序回归预测城市用水量 [J]．供水技术，2012, 6 (4)：43 ~ 46.

[21] 孙轶轩，邵春福，计寻，等．基于 ARIMA 与信息粒化 SVR 组合模型的交通事故时序预测 [J]．清华大学学报（自然科学版），2014, 54 (3)：348 ~ 353.

[22] 吴康，姚秀萍，王维庆，等．基于信息粒化和支持向量机的风功率预测 [J]．水力发电，2014, 40 (5)：81 ~ 83.

 # GA－BP 模型在农业机械化水平
影响因素研究中的应用

12.1 引言

著名农业经济学家西奥多·舒尔茨认为，现代农业可以推动经济腾飞，改造传统农业为现代农业的关键是从外部引入现代生产要素，打破传统农业长期停滞不前的均衡状态[1]。农业机械是农业科技的物化，是改造传统农业，将先进科学技术转化为现实生产力的主要纽带和载体，也是农业规模化生产的前提和农业现代化的标志。改革开放以来，我国农用机械总动力从 1978 年的 1175 亿瓦发展到 2013 年的 10390.7 亿瓦，增长了 8.84 倍，年均增长 22.41%。农业机械的推广和使用，大幅度提高了农业劳动生产率、土地产出率和资源利用率，从根本上改变了我国传统农业生产方式。近几十年来，大量农村劳动力"非农"转移的同时，我国粮食实现稳定增产，也源于农业机械的广泛应用。农业机械化发展也促进了农村劳动力"非农"就业和农机服务的内部就业，拓宽了农民增收渠道。从现有理论和我国实际情况来看，农业机械化在现代农业发展中发挥了主导和引领作用，发展农业机械化是现代农业建设中带有方向性的战略任务，因此，分析我国农业机械化水平的关键影响因素，研究农业机械化推进机制，具有十分重要的意义。

国外发达国家的农业主要以农场形式存在，土地规模化经营，已基本实现农业机械化，因此，单纯农业机械化方面的研究较少。发展中国家的学者从各国国情出发，对农业机械化影响因素进行了研究，如 Rasouli 等人以葵花籽农场为例，研究发现农场规模小（small farm size）和股权分散（fragmentation of holdings）是实现农业机械化的主要障碍[2]。Ullah 等人认为土地制度、农民收入水平、土地规模、化石燃料成本、农机雇用成本等是农业机械化水平主要影响因素[3]。Duran－Garcia 等人根据农机数量、农业工人数量、畜力水平、每公顷机械动力等指标将农业机械化水平分成了完全机械化（totally mechanized surface）、部分机械化（partially mechanized surface）和非机械化（non－mechanized surface）三个阶段[4]。

在国内，传统观点[5~7]认为土地经营规模与农业机械化之间存在着相互适应的关系，实现农业机械化需要扩大土地经营规模。刘凤芹使用现代企业理论，研

究发现农业机械化与土地经营规模无关，而与劳动力相对价格有关[8]；曹阳、胡继亮通过调研数据发现土地规模经营不是农业机械化的必要条件，中国的农业机械化是市场无形之手和政府有形之手共同作用的结果[9]；林万龙、孙翠清采用计量方法分析发现农民土地经营规模、种植业生产专业化程度、农户家庭经营性收入水平以及已有农机动力存量等是影响农业机械私人投资的主要因素[10]；张宗毅等人定量分析了经济因素、自然因素、人口因素、农业种植结构、农机购置补贴力度、技术供给对我国农业机械化水平的影响和变化趋势[11]；侯方安利用全国统计数据和定量模型，研究发现耕地经营规模、农业劳动力转移、政策等因素对农业机械化发展产生了重要影响[12]；刘玉梅、田志宏采用 1985～2005 年中国省级面板数据建立计量模型，研究发现经济发展水平、土地经营规模和种植结构是影响中国农机装备水平的主要因素[13]；陈宝峰、白人朴等依据 2002 年山西省115 个县（市）统计数据，采用逐步回归分析法，发现综合农机化作业水平提升的关键因素是农机动力的配备、国民经济的发展、农业劳动力的合理转移、农民收入的提高和适合丘陵山地作业的小型农业机械的研制和推广[14]；吴昭雄、王红玲等根据 2000～2012 年湖北省农户农业机械化投资数据，发现农民人均纯收入、亩均受益、劳均耕地和政府亩均农业机械化投资对户均农业机械化投资均具有显著影响[15]；周晶、陈玉萍等利用 1991～2011 年湖北省县级面板数据，从阻隔效应、收入效应和结构效应三个维度，研究发现山区地形、农民收入以及种植结构等因素对农业机械化水平具有显著影响[16]；刘玉梅、崔明秀等利用农户微观调查数据分析发现农户对大型农机装备需求的关键影响因素是家庭收入、家庭人口规模、户主年龄、教育程度及参加职业培训情况[17]；纪月清、钟甫宁利用安徽省农户调查数据，采用 Probit 模型，发现农户农机持有决策主要受耕地面积、家庭男性青壮年劳动力数、男性青壮年劳动力的非农就业状况、家庭财富、农机服务市场价格、农机培训等因素影响[18]。

综上所述，农业机械化水平影响因素众多，且影响水平并不确定，以往农业机械化水平的研究方法多是线性回归的计量经济模型，很难真实描述农业机械化水平与影响因素之间复杂的非线性关系。BP 神经网络具有很强的映射能力和泛化能力，可表示任意的非线性关系，但 BP 神经网络使用梯度下降算法进行学习，容易陷入局部最优解，遗传算法优化 BP 神经网络可修补这一缺陷。本章借鉴国内外专家研究结论，建立农业机械化水平影响因素指标体系，使用 GA－BP 神经网络模型和 MIV 算法分析了我国农业机械化水平各因素影响程度差异、区域差异和变化趋势，并提出了推动我国农业机械化发展的对策与建议。

12.2　变量选择、数据与模型构建

12.2.1　变量选择

农业机械化水平影响因素众多，涉及社会经济环境、农业生产资源、农机装

备技术和农业政策等各个方面，从国内专家已有实证研究结论来看，农民收入水平、人口因素、土地经营规模、地形因素、种植结构、农机技术供给、农机补贴政策是农业机械化水平主要影响因素，农机装备技术因素地区宏观统计数据较难收集，相关实证研究较少[5~18]。

借鉴国内专家实证结论，本章认为农业机械化能否得到快速发展主要取决于农业生产对它有无需求、农业机械服务供给是否充足、经济和技术条件有无可行性和政府农业机械化政策等条件。农业生产对农业机械需求的大小主要受土地经营规模和家庭人口规模影响；农业机械服务供给是否充足影响农业机械服务价格，进而影响农户购买意愿；经济和技术条件有无可行性受农民收入水平、农作物种植结构和耕地地形条件影响较大；政府农业机械化政策主要是指政府农机价格补贴政策、地方财政农业投入力度、农业机械化金融政策等。遵循综合性和数据易得性的评价指标选取原则，考虑到农业机械服务供给受农业机械需求影响很大，很难量化，且北京市、天津市、上海市、重庆市 2007~2012 年机械化农具生产资料价格指数数据缺失；中央农机补贴资金数据容易获得，但 31 个省（市、自治区）农机购置补贴产品和追加额度不同，每年都有不同程度调整，本章最终选择农民收入水平、土地经营规模、种植结构、家庭人口规模、农业财政扶持力度作为农业机械化水平的分析变量。

（1）农业机械化水平。农业机械化水平的测量方法较多，学术界和农业部一般根据机耕、机种、机收三个指标综合计算。不同地区和不同农作物生产环节差异较大，机械化要求不同，各项农业机械化作业水平的计算也较为复杂，因此，本章采用亩均农业机械总动力作为农业机械化水平的直接测量指标。

（2）土地经营规模。土地经营规模越大，越能发挥农机作业的规模效应，同时，土地分摊的农机购置成本就越低。本章使用农村居民家庭经营耕地面积衡量土地经营规模。

（3）农民收入水平。农民收入水平越高，对农业机械以及农机服务的支付能力就越强，而且农业生产的机会成本可能就越高，进而刺激农民采用农业机械代替人力劳动。本章以农村居民家庭人均纯收入衡量农民收入水平。

（4）种植结构。作物特性不同导致对农机作业的机械要求不同，在一定的科技条件下，不同作物能够实现的机械化程度也就不同。通常来讲小麦机械化程度较高，生产基本实现了全程机械化；适宜的水稻插秧机技术尚未取得重大突破，因而水稻机播水平较低；相对于粮食作物，非粮食作物机械技术的研发和推广明显滞后，机械化水平较低。本章使用小麦播种面积占粮食作物播种面积比重、稻谷播种面积占粮食作物播种面积比重、玉米播种面积占粮食作物播种面积比重反映地区农业种植结构。

（5）地形因素。平原地区地势平坦，便于农机作业，同时，交通便利，农机租赁供给也较多；而山地和丘陵地区地势陡峭，交通不便，既降低了农机作业的可行性，也增加了农机供应的难度。本章使用农村居民家庭经营山地面积反映区域地形情况。

（6）人口因素。美、日等发达国家经验表明，农村剩余劳动力大量转移至第二、三产业，导致农业劳动力相对稀缺，是农业机械化的前提和基本条件。家庭人口规模越大，剩余劳动力越多，则人工完全能够完成农业生产，对农业机械化的需求就越弱。本章使用户均人口数、农村劳动力转移率来反映人口情况。

（7）财政扶持力度。财政对农业的政策扶持尤其是农机购置补贴，直接降低了农机购置成本，扩大了农机供应。因为全国各省（市、自治区）农机购置补贴产品和追加额度不同，数据分散，较难收集，本章使用亩均地方财政农林水事务支出来衡量农业财政扶持力度。

本章分析农业机械化水平影响因素所使用的变量和变量预期影响方向见表12－1。

表12－1　变量定义与先验判断

变量类型	变量代码	所属因素	变量含义	单位	先验判断
因变量	Y		亩均农业机械总动力	千瓦	
自变量	V_1	收入水平	农村居民家庭人均纯收入	元	+
	V_2	土地规模	农村居民家庭经营耕地面积	亩/人	+
	V_3	地形因素	农村居民家庭经营山地面积	亩/人	－
	V_4	种植结构	小麦播种面积比重	%	+
	V_5		稻谷播种面积比重	%	+
	V_6		玉米播种面积比重	%	+
	V_7	人口因素	户均人口数	人	－
	V_8		农村劳动力转移率	%	+
	V_9	财政扶持	亩均地方财政农林水事务支出	元	+

注：农村劳动力转移率＝（乡村从业人员－农业从业人员）/乡村从业人员。

12.2.2　数据来源及处理

本章所用数据为国家统计局（http：//www. stats. gov. cn/）2007～2012年度全国31个省（市、自治区）面板数据，共计186条数据记录。

不同变量间存在较大的数据量级差别，必须对数据进行归一化处理以消除数据量纲，否则，数据量级差别会造成网络预测误差较大。本章使用最大最小法对数据进行归一化处理，计算公式如下：

$$x_k = (x_k - x_{\min})/(x_{\max} - x_{\min}) \tag{12－1}$$

式中，x_{max}、x_{min} 为数据序列最大值和最小值。

12.2.3 模型构建

12.2.3.1 MIV 算法

平均影响值（mean impact value，MIV）由 Dombi 等人提出，被认为是神经网络评价变量相关性最好的指标之一。GA-BP 神经网络模型计算变量 MIV 值的过程为：使用原始数据训练 GA-BP 神经网络模型，准确性测试通过后，将自变量原值分别增减 10%，其他自变量原值保持不变，形成两个新样本 P_1 和 P_2，然后将新样本输入 GA-BP 神经网络模型仿真测试，得到仿真预测结果 A_1 和 A_2，A_1 和 A_2 的差值即为变动该变量对因变量的影响变化值（impact value，IV），将影响变化值（IV）按输入样本数平均，即为该变量的 MIV 值。可见，MIV 值可以衡量自变量对因变量的影响大小，其符号表示自变量对因变量的相关方向，绝对值表示自变量对因变量的重要程度[19]。

12.2.3.2 遗传算法优化的 BP 神经网络模型

BP 神经网络是一种有监督学习的多层前馈神经网络，也是目前使用最广泛的神经网络模型。当输入节点数为 n，输出节点为 m 时，BP 神经网络可映射为 n 个自变量到 m 个因变量的非线性函数。BP 神经网络模型训练时，按照误差反向传播机制不断调整网络权值和阈值，逼近期望输出值，因此，BP 神经网络可以拟合任意连续函数，自我学习，自我组织，灵活性很大[20~22]，但传统 BP 神经网络按照梯度下降的方式修正网络权值和阈值，有容易陷入局部极值，不能搜寻到全局最优解的缺陷[23]。

遗传算法（genetic algorithms，GA）是一种将生物界的遗传机制和"优胜劣汰，适者生存"的进化机制引入计算过程，通过模拟自然进化过程随机搜索全局最优解的计算方法[24,25]。GA-BP 神经网络模型将遗传算法引入 BP 神经网络训练过程，以网络权值和阈值作为种群个体仿照基因编码，使用样本预测值和观测值的误差绝对值之和作为个体适应度函数，通过选择、交叉、变异操作不断迭代进化，最终得到种群最优个体，解码后得到 BP 神经网络全局最优权值和阈值，从而建立遗传算法优化的 BP 神经网络模型[26,27]。

12.3 结果与分析

12.3.1 总体分析

使用原始数据训练 GA-BP 神经网络模型，依次增减影响农业机械化水平的 9 个自变量，其他自变量原值保持不变，计算得到农业机械化水平各自变量的 MIV 值，见表 12-2。

表 12-2 农业机械化水平影响因素 *MIV* 值

农村居民家庭人均纯收入	农村居民家庭经营耕地面积	农村居民家庭经营山地面积	小麦播种面积比重	稻谷播种面积比重	玉米播种面积比重	户均人口数	农村劳动力转移率	亩均地方财政农林水事务支出
0.1298	0.0290	-0.0302	0.0392	-0.0546	0.1587	-0.0881	0.3335	0.0341

从表 12-2 可看出，按照影响程度大小排序，影响农业机械化水平的 9 个自变量依次为：农村劳动力转移率 > 玉米播种面积比重 > 农村居民家庭人均纯收入 > 户均人口数 > 稻谷播种面积比重 > 小麦播种面积比重 > 亩均地方财政农林水事务支出 > 农村居民家庭经营山地面积 > 农村居民家庭经营耕地面积。其中，户均人口数、稻谷播种面积比重、农村居民家庭经营山地面积 3 个自变量对农业机械化水平有负向影响，其他 6 个自变量对农业机械化水平有正向影响。

可见，影响我国农业机械化水平提高的主要因素是随着我国经济快速发展，农村剩余劳动力实现了大规模转移，农民收入实现了较大程度的提高，同时，农作物特性和农业科技水平的制约导致农业种植结构对农业机械化水平也有一定程度的影响。而土地经营规模和地形因素对农业机械化水平影响较小。

12.3.2 区域影响分析

将全国 31 个省（市、自治区）分为华北、东北、华东、中南、西南和西北 6 个区域，汇总计算各区域面板数据和变量 *MIV* 值，得到各区域农业机械化水平特征（见表 12-3）和主要影响因素（见表 12-4）。

表 12-3 区域农业机械化水平数据

地区	亩均农业机械总动力/千瓦	农村居民家庭人均纯收入/元	农村居民家庭经营耕地面积/亩·人⁻¹	农村居民家庭经营山地面积/亩·人⁻¹	小麦播种面积比重/%	稻谷播种面积比重/%	玉米播种面积比重/%	户均人口数/人	农村劳动力转移率/%	亩均地方财政农林水事务支出/元
华北	5.94	7790.08	3.19	0.11	19.35	1.14	38.49	3.32	51.98	10312.99
东北	2.80	6346.19	7.74	0.12	0.81	17.26	48.67	3.52	35.48	2731.83
华东	4.34	8421.74	1.11	0.46	14.67	31.26	6.49	3.50	60.52	6422.58
中南	3.46	5707.20	1.24	0.57	8.51	33.12	7.67	4.01	42.95	3357.75
西南	3.94	4320.08	1.36	0.40	9.27	14.55	13.43	3.95	37.93	7399.53
西北	3.48	4037.93	3.15	0.30	21.61	2.23	15.99	4.19	35.00	4663.04

表 12 - 4　区域农业机械化水平影响因素 *MIV* 值

地区	农村居民家庭人均纯收入	农村居民家庭经营耕地面积	农村居民家庭经营山地面积	小麦播种面积比重	稻谷播种面积比重	玉米播种面积比重	户均人口数	农村劳动力转移率	亩均地方财政农林水事务支出
华北	4.5179	- 0.3509	- 0.4892	4.9860	- 0.0131	23.7023	9.1353	15.5515	1.5066
东北	- 0.1257	2.0702	- 0.0644	0.0385	- 2.1680	1.9205	- 1.7534	3.4053	- 0.0089
华东	11.2574	1.0552	- 2.2570	11.7062	5.3952	6.3123	- 23.7039	19.1832	- 3.3135
中南	0.4985	- 0.3291	0.0645	- 0.1876	- 0.3157	- 0.0418	- 4.8071	2.3597	0.3238
西南	0.6968	0.2338	- 0.3316	0.2642	- 1.2661	- 1.0356	1.0276	- 1.2276	0.7821
西北	0.4551	- 0.1418	- 0.2823	- 1.9426	- 0.1633	- 0.1667	5.4292	1.8110	0.4627

从表 12 - 3 和表 12 - 4 可看出，华北地区农业机械化水平最高，农村居民家庭经营山地面积全国最少，主要种植玉米和小麦，农村劳动力转移率和农村居民家庭人均纯收入均居全国第二位，亩均地方财政农林水事务支出全国最多。从影响因素来看，玉米播种面积比重和农村劳动力转移率是华北地区农业机械化水平的决定因素。其次，农村居民家庭人均纯收入、小麦播种面积比重也对农业机械化水平具有较大影响，华北地区农业机械化水平的主要阻碍因素是农村居民家庭经营山地面积和农村居民家庭经营耕地面积。

东北地区农业机械化水平全国最低，农村居民家庭经营耕地面积全国最大，主要种植玉米和稻谷，亩均地方财政农林水事务支出全国最少，从影响因素来看，稻谷播种面积比重和户均人口数阻碍了农业机械化水平的提高，农村劳动力转移率和农村居民家庭经营耕地面积对农业机械化水平的促进作用最大。

华东地区农业机械化水平居全国第二位，农村居民家庭经营耕地面积全国最低，农村居民家庭人均纯收入和农村劳动力转移率全国最高，主要以稻谷和小麦种植为主，从影响因素来看，户均人口数是华东地区农业机械化发展的主要障碍，农村劳动力转移率、农村居民家庭人均纯收入和小麦播种面积比重对华东地区的农业机械化水平具有较大的正向促进作用。

中南地区农业机械化水平较低，居全国倒数第二位，农村居民家庭经营山地面积全国最高，以稻谷种植为主，农村居民家庭人均纯收入、农村劳动力转移率居全国中游，从影响因素来看，户均人口数、农村居民家庭经营耕地面积和农村居民家庭经营山地面积是农业机械化发展的主要阻碍因素，农村劳动力转移率、农村居民家庭人均纯收入、地方财政农林水事务支出对农业机械化发展具有促进作用。

西南地区农业机械化水平居全国中游，农村居民家庭人均纯收入、农村居民家庭经营耕地面积、农村劳动力转移率较低，户均人口数和地方财政农林水事务支出较高，以稻谷和玉米种植为主，从影响因素来看，稻谷播种面积比重和农村劳动力转移率对农业机械化水平有较大负向影响，户均人口数对农业机械化水平有正向影响，这主要是因为西藏自治区地广人稀，缺乏农业劳动力。

西北地区农业机械化水平较低，农村居民家庭人均纯收入和农村劳动力转移率全国最低，户均人口数全国最多，农村居民家庭经营耕地面积较大，山地经营面积较少，以小麦和玉米种植为主，从影响因素来看，户均人口数和农村劳动力转移率同时对西北地区农业机械化水平产生正向重大影响，这说明相对于辽阔的西北区域，农业劳动力人口依然严重不足，同时，西北地区需要加快农业剩余劳动力转移，提高农民收入，促进农业机械化发展。

12.3.3 变动趋势分析

按照时间顺序，汇总计算农业机械化水平影响因素各年份 *MIV* 值，见表 12 - 5，观察各因素影响程度的变化趋势。

表 12 - 5 农业机械化水平影响因素年度 *MIV* 值

年份	农村居民家庭人均纯收入	农村居民家庭经营耕地面积	农村居民家庭经营山地面积	小麦播种面积比重	稻谷播种面积比重	玉米播种面积比重	户均人口数	农村劳动力转移率	亩均地方财政农林水事务支出
2007	0.0765	0.0055	- 0.0137	0.0124	- 0.0776	0.1183	0.0603	0.3380	0.0190
2008	0.0911	0.0103	- 0.0006	0.0325	- 0.0454	0.1310	- 0.0875	0.2964	0.0163
2009	0.1030	0.0116	0.0101	0.0422	- 0.0369	0.1404	- 0.1276	0.2763	0.0264
2010	0.1260	0.0115	0.0166	0.0412	- 0.0237	0.1561	- 0.1923	0.2774	0.0110
2011	0.1819	0.0610	- 0.1079	0.0491	- 0.0633	0.1740	- 0.0866	0.4082	0.0262
2012	0.2005	0.0743	- 0.0858	0.0578	- 0.0810	0.2321	- 0.0950	0.4045	0.1055

从表 12 - 5 可看出，农村劳动力转移率、玉米播种面积比重和农村居民家庭人均纯收入对农业机械化水平影响较大，且影响程度不断增强；农村居民家庭经营耕地面积、小麦播种面积比重、地方财政农林水事务支出对农业机械化水平也有一定影响，影响程度逐年增强。农村居民家庭经营山地面积、稻谷播种面积比重、户均人口数对农业机械化水平具有负向影响，影响程度呈现波动中逐年递减的趋势。

12.4 结论与建议

本章汇总 2007 ~ 2012 年全国 31 个省（市、自治区）面板数据，使用 MIV

算法和 GA – BP 神经网络模型，对农业机械化水平影响因素进行了分析。从影响因素来看，农村劳动力转移率、玉米播种面积比重、农村居民家庭人均纯收入是农业机械化水平的决定因素，农村居民家庭经营耕地面积、农村居民家庭经营山地面积、亩均地方财政农林水事务支出对农业机械化水平影响不大。从影响方向来看，户均人口数、稻谷播种面积比重、农村居民家庭经营山地面积 3 个自变量对农业机械化水平有负向影响，其他 6 个自变量对农业机械化水平有正向影响。从区域来看，玉米播种面积比重和农村劳动力转移率、农村劳动力转移率和家庭经营耕地面积、农村劳动力转移率和农村居民家庭人均纯收入、户均人口数和地方财政农林水事务支出、户均人口数分别是华北、东北、华东和中南、西南、西北地区农业机械化水平的主要影响因素。从趋势来看，农村劳动力转移率、玉米播种面积比重和农村居民家庭人均纯收入对农业机械化水平影响较大，且影响程度不断增强，农村居民家庭经营山地面积、稻谷播种面积比重、户均人口数对农业机械化水平具有负向影响，影响程度波动中逐年减弱。根据以上对农业机械化水平影响因素实证分析，本章提出如下建议：

（1）大力发展中小企业和帮扶农民自主创业，有序促进农村剩余劳动力"非农"转移。

从实证结果来看，农村剩余劳动力转移率是我国农业机械化发展的首要推动因素。农村剩余劳动力"非农"转移本质上是"非农"就业问题。中小企业大多数为劳动密集型企业，投资少，文化技术水平要求低，具有吸纳容量大，易于创办和就业门槛低的优点。从农民自身素质和城市就业状况来看，数量巨大的农村剩余劳动力不太可能进入国有企业，更不可能进入行政机关和事业单位，进入城镇中小企业或自主创业是农村剩余劳动力唯一现实选择[28]。同时考虑到我国城市目前承载能力以及农业和第二、三产业劳动生产率的差距，农村劳动力转移过快，农业机械化发展跟不上，不仅会给城市带来就业、城市管理、社会治安等方面的问题，还会造成农业劳动力季节性、结构性短缺，呈现女性化、老龄化和低文化的特征，长期下去将威胁到我国粮食安全和农业可持续发展。因此，我国应加快新型城镇化建设，大力发展城镇中小企业，扶持农村剩余劳动力自主创业，同时配套推进户籍、公共服务等领域的改革，分类、分步骤、分阶段地有序推进农村剩余劳动力"非农"就业。

（2）加大稻作农机科技投入力度，突破技术瓶颈环节，提高稻作农业机械化水平。

通常来讲，旱作植物（小麦、玉米等）机械化限制较少，稻作植物由于特殊的植物特性，其机械化限制较多，而稻作农机应用的瓶颈环节（如插秧技术）又未获得重大突破，导致稻作植物农业机械化水平较低。因此，政府应加大稻作植物农机科技投入力度，在机插等瓶颈环节取得突破性进展，从而提升稻作植物种植区农业机械化普及程度和作业水平。

（3）采取多样化措施提升山区农业机械化水平。

我国中南、西南和华东部分地区多丘陵和山地，耕地面积小、形状不规则、坡陡弯多，大型农用机械很难开展作业，且种植结构和栽培农艺繁杂，特殊的地理条件，也造成山区农民相较于平原地区农民收入较低。因此，应采取多种措施提高山区农业机械化水平，如研发和推广中小型、便携式、适合山区作业的农业机械；加大山区基础设施尤其田间道路网建设，提升山区农机供给水平；鼓励山区种植经济作物，提高亩产收益；农机具购置补贴政策适当向山区倾斜，同时加大山区农民农机购置金融扶持力度，支持山区农民贴息贷款的方式购置农机具。

（4）增加农民收入和加大农机补贴，提高农机购置率。

一般来讲，大型农机具购置成本都比较高。农民收入水平的增加在提高农民农机购置支付能力的同时，也会使农民更愿意从传统手工方式的艰苦劳作中解放出来，租用农业机械来代替人工。国家农机价格补贴政策会进一步降低农机购置成本。因此，政府应从提高农民收入和加大农机补贴力度两方面入手，提高农机购买能力的同时降低农机购置成本，从而推动农业机械化发展与应用。

（5）因地制宜，同步推进农机专业服务市场发展和农业适度规模化经营。

农业机械化本质上是农业机械在农业生产各个环节对人畜力的替代。它一般可通过两条途径解决：一是农户自己购买农机，在家庭经济圈自我服务；二是农户从农机服务市场购买专业服务。第一种途径，如果土地经营规模太小，则成本极其高昂，土地经营规模是农业机械化的必要条件。但从更普遍的情况来看，在一个发达的市场经济中，农户更愿意通过后一种途径获得农机服务。因此，扩大家庭经营土地规模虽然有利于农业机械化的推进，但不是其必要条件，农业机械化可以在分散的、小规模的家庭经营的基础上展开。

我国东部尤其华东地区农业机械化水平的主要阻碍因素是户均人口数过多，而西北地区区域辽阔，农业劳动力严重不足，我国农业机械化发展呈现"东部缺地，西部缺人"的区域现状，因此，我国应在土地经营规模较小的华东地区大力扶持农业机械专业服务市场发展，而在土地经营规模较大的东北、西北部和内蒙古地区鼓励农民购置农机，根据区域生产特点和资源条件，加快土地流转，采用多种经营形式，逐步推进农业适度规模经营和产业经营。

研究还存在如下不足：一是受指标统计数据获取渠道影响，本章未考虑农机装备技术因素的影响；二是宏观统计样本数据量较少，模型还不太稳定。前者，可通过微观调查方式收集农机装备技术指标数据，后者可采用交叉验证法和对小样本处理能力较强的广义回归神经网络、灰色神经网络等其他智能算法进一步优化模型，改善预测效果。

参 考 文 献

[1] 西奥多·舒尔茨. 改造传统农业 [M]. 北京: 商务印书馆, 1987.

[2] Rasouli F, Sadighi H, Minaei S. Factors affecting agricultural mechanization: A case study on sunflower seed farms in Iran [J]. Journal Of Agricultural Science And Technology, 2009, 11 (1): 39~48.

[3] Ullah M W, Anad S. Current status, constraints and potentiality of agricultural mechanization in Fiji [J]. Ama - Agricultural Mechanization In Asia Africa And Latin America, 2007, 38 (1): 39~45.

[4] Duran - Garcia H M, Romero - Mendez R. Status of agricultural production and mechanization in Mexico [J]. Journal of Food Agriculture & Environment, 2007, 5 (3~4): 216~219.

[5] 董涵英. 土地经营规模与农业机械化 [J]. 中国农村经济, 1986 (8): 50~53.

[6]《种植业适度经营规模研究》联合课题组. 关于发展农业规模经营若干问题的研究 [J]. 中国农村经济, 1987 (1): 26~31.

[7] 冷崇总. 谈谈农业规模经营问题 [J]. 农村发展论丛, 1996 (6): 37~39.

[8] 刘凤芹. 农业土地规模经营的条件与效果研究: 以东北农村为例 [J]. 管理世界, 2006 (9): 71~79.

[9] 曹阳, 胡继亮. 中国土地家庭承包制度下的农业机械化——基于中国 17 省 (区、市) 的调查数据 [J]. 中国农村经济, 2010 (10): 57~65.

[10] 林万龙, 孙翠清. 农业机械私人投资的影响因素: 基于省级层面数据的探讨 [J]. 中国农村经济, 2007 (9): 25~32.

[11] 张宗毅, 周曙东, 曹光乔, 等. 我国中长期农机购置补贴需求研究 [J]. 农业经济问题, 2009 (12): 34~41.

[12] 侯方安. 农业机械化推进机制的影响因素分析及政策启示——兼论耕地细碎化经营方式对农业机械化的影响 [J]. 中国农村观察, 2008 (5): 42~48.

[13] 刘玉梅, 田志宏. 中国农机装备水平的决定因素研究 [J]. 农业技术经济, 2008 (6): 73~79.

[14] 陈宝峰, 白人朴, 刘广利. 影响山西省农机化水平的多因素逐步回归分析 [J]. 中国农业大学学报, 2005 (4): 115~118.

[15] 吴昭雄, 王红玲, 胡动刚, 等. 农户农业机械化投资行为研究——以湖北省为例 [J]. 农业技术经济, 2013 (6): 55~62.

[16] 周晶, 陈玉萍, 阮冬. 地形条件对农业机械化发展区域不平衡的影响——基于湖北省县级面板数据的实证分析 [J]. 中国农村经济, 2013 (9): 63~77.

[17] 刘玉梅, 崔明秀, 田志宏. 农户对大型农机装备需求的决定因素分析 [J]. 农业经济问题, 2009 (11): 58~66.

[18] 纪月清, 钟甫宁. 农业经营户农机持有决策研究 [J]. 农业技术经济, 2011 (5): 20~24.

[19] 王小川, 史峰, 郁磊, 等. Matlab 神经网络 43 个案例分析 [M]. 北京: 北京航空航天

大学出版社，2013.

[20] Zangeneh Morteza, Omid Mahmoud, Akram, et al. Assessment of agricultural mechanization status of potato production by means of artificial Neural Network model [J]. Australian Journal of Crop Science, 2010, 4 (5): 372 ~ 377.

[21] 师帅，庞金波，王刚毅. 基于 BP 神经网络的低碳经济下区域农业协调发展研究 [J]. 农业现代化研究，2014，35 (4): 392 ~ 396.

[22] 赵瑞莹，杨学成. 农产品价格风险预警模型的建立与应用——基于 BP 人工神经网络 [J]. 农业现代化研究，2008，29 (2): 172 ~ 175.

[23] 蔡云，张靖妤. 基于 BP 神经网络优化算法的工业企业经济效益评估 [J]. 统计与对策，2012 (10): 63 ~ 65.

[24] 陈再高，王建国，王玥，等. 基于粒子模拟和并行遗传算法的高功率微波源优化设计 [J]. 物理学报，2013，62 (16): 448 ~ 453.

[25] 冯金飞，卞新民，彭长青，等. 基于遗传算法和 GIS 的作物空间布局优化 [J]. 农业现代化研究，2005，26 (4): 302 ~ 305.

[26] 刘国清，王红蕾. GA - BP 神经网络模型在上市公司信用评估中的应用研究 [J]. 经济问题，2009 (12): 77 ~ 80.

[27] 杨敏利，查博. 基于 GA - BP 神经网络的专利技术产业化全过程评价研究 [J]. 科技进步与对策，2010，27 (20): 117 ~ 120.

[28] 吴敬琏. 农村剩余劳动力转移与"三农"问题 [J]. 宏观经济研究，2002 (6): 6 ~ 9.

13 遗传算法在河北省农村剩余劳动力转移影响因素研究中的应用

13.1 引言

增加农民收入是解决"三农"问题的核心,而增加农民收入水平的根本出路是加快农村剩余劳动力向"非农"部门和城镇转移就业。为推动河北省产业结构转型升级,破除城乡二元经济结构,加快实现农业现代化,有必要研究制约河北省农村剩余劳动力转移的主要影响因素,为制定农村劳动力转移政策提供科学依据,探索出一条符合河北省情的农村剩余劳动力转移道路。

农村劳动力转移问题始终占据国外发展经济学的重要位置,比较典型的观点有效率差异说和收入差异说。Lewis 和 Gustav 认为工业和农业部门间较大的生产率差异使得工业部门资本不断累积,规模不断扩大,从而导致就业结构发生变化,引起大量农业剩余劳动力向工业部门转移[1,2]。托达罗(Todaro)和 Macunovich 则认为城乡收入差距是农村劳动力转移的根本原因,劳动力转移是个体在利益驱使和成本约束作用下做出的理性选择[3,4]。国内理论界从经济和非经济两种视角对影响我国农村剩余劳动力转移的多个因素分别进行了研究,一般来讲,经济因素主要是指城乡和地区收入差距,非经济因素则包含有个体人力资源因素(教育情况、年龄、性别、婚姻、家庭资源禀赋等)和政策体制因素(户籍管理制度、社会保障制度、土地制度等)。范晓非等采用托达罗模型和 CHNS (中国健康营养调查)微观数据,分析发现我国农村劳动力转移最主要影响因素是城乡收入差距,而教育是影响农村劳动力收入的重要因素[5]。程名望、史清华从成本收益的经济学视角,运用局部静态均衡分析方法分析了非经济因素如社会关系网络效用、制度不平等性与社会歧视、自然环境优劣等对农村劳动力转移的影响和作用[6]。黄国华根据全国 29 个省(市、自治区)1995~2006 年的面板数据,利用回归模型,发现农村劳动力转移同时受到迁移地非农收入和成本变动因素的双重影响[7]。杨继军、马野青使用 1996~2009 年中国省际数据和动态 GMM 方法发现消费和出口的扩张显著地减少了农村剩余劳动力[8]。Yan Xiaohuan 等采用农户调研数据和 Heckman 两阶段模型,重点分析了土地租赁市场发展和促进土地流转政策对农村剩余劳动力的影响[9]。

农村剩余劳动力转移受到经济、制度、劳动者等方面多个因素的影响,以往研究建立的都是线性计量经济模型，很难描述农村剩余劳动力转移与影响因素间复杂的非线性关系。遗传算法在没有集中控制并且不提供全局模型的前提下，可通过模拟自然界的遗传和"优胜劣汰，适者生存"的进化机制搜索全局最优解，具有约束条件少、高度并行、自我学习和不要求目标函数连续可导等优点，非常适用于求解传统算法难以解决的、复杂的、非线性优化问题。

本章将遗传算法引入农村剩余劳动力转移影响因素研究中，建立农村剩余劳动力转移影响因素指标体系，采用河北省 2001~2012 年统计数据，揭示了各影响因素对河北省农村剩余劳动力的影响大小和作用机制，为河北省农村剩余劳动力转移提供了政策建议，同时为研究农村剩余劳动力影响因素这类复杂问题提供了新思路和新方法。

13.2 变量与数据

13.2.1 因变量

根据我国就业劳动力年鉴统计标准，三大产业劳动力数量之和等于城乡实际从业劳动力数量之和，将乡村实际劳动力数量减掉农业（第一产业）劳动力数量所得农村富余劳动力即为农村剩余劳动力数量，其差额也等于工业（第二产业）、服务业（第三产业）劳动力总量与城市劳动力数量之间的差额[10]。因此，河北省农村剩余劳动力数量计算公式如下：

$$TRL = CL - PL = IL + SL - TL \qquad (13-1)$$

式中，TRL 为农村剩余劳动力转移数量；CL 和 TL 分别表示农村和城市劳动力总量；PL、IL、SL 分别代表农业（第一产业）、工业（第二产业）和服务业（第三产业）劳动力总量。

13.2.2 自变量

农村剩余劳动力转移受到劳动力个体是否愿意转移的主观意愿、能否转移的自身客观条件、迁入地劳动力需求数量、迁出地劳动力供给数量等多重因素的影响。

以收益或效用最大化为理性假设，劳动力个体是否愿意转移取决于转移收益和成本之比。转移收益包括收入和福利水平提高等货币性收益，也包括更优质的城市环境、个体心理优越感满足等非货币性收益；转移成本包括生活、居住等日常支出增大等货币性成本，也包括寻找工作的时间成本、放弃故乡亲情的心理成本等非货币性成本。本章分别使用城乡人均居民收入差距和城乡人均支出差距来衡量转移收益和成本。

能否转移的自身客观条件，取决于劳动力自身的教育水平等人力资源禀赋，本章使用农村居民平均受教育年限来衡量。

迁出地劳动者供给数量是指迁出地能够转移出去的剩余劳动力数量，较大程度取决于农业机械对农业劳动力"挤出"效应的大小，本章使用每公顷农业机械总动力来衡量。

迁入地劳动力需求数量取决于城镇非农产业的发展程度和就业容纳能力。工业和服务业发展程度决定城镇吸纳农村剩余劳动力的数量，城镇失业率影响转移人口寻找工作的时间及难度，本章使用非农产业产值比率、城镇失业率来衡量。

以上指标虽然不能囊括影响农村剩余劳动力转移的所有因素，但具有典型性和代表性，且可以量化。按照综合性和数据可得性的指标选取原则，本章最终选用城乡人均居民收入差距、城乡人均消费支出差距、农村居民平均受教育年限、每公顷农业机械总动力、非农产业产值比率、城镇失业率作为农村剩余劳动力转移数量的解释变量，见表 13 – 1。

表 13 – 1　变量定义和先验判断

变量类型	变量定义	变量代码	先验判断
因变量	农村剩余劳动力转移量（人）	Y	
转移收益	城乡人均居民收入差距（元）	V_1	＋
转移成本	城乡人均消费支出差距（元）	V_2	－
个人素质	农村居民平均受教育年限（年）	V_3	＋
劳动力供给	每公顷农业机械总动力（kW/hm²）	V_4	＋
劳动力需求	非农产业产值比率（%）	V_5	＋
	城镇失业率（%）	V_6	－

13. 2. 3　数据来源及归一化处理

通过整理历年《河北经济年鉴》与《河北农村统计年鉴》得到 2000 ~ 2012 年度各影响因素自变量和因变量数据，见表 13 – 2。

表 13 – 2　河北省农村剩余劳动力影响变量数据

年份	V_1	V_2	V_3	V_4	V_5	V_6	Y
2000	3182. 30	2983. 30	6. 04	7. 7572	0. 8365	2. 8	1085. 64
2001	3381. 22	3050. 00	6. 12	8. 0576	0. 8344	3. 2	1128. 96
2002	3993. 57	3592. 00	6. 21	8. 3392	0. 8410	3. 6	1183. 27
2003	4385. 83	3839. 60	6. 34	8. 9883	0. 8463	3. 9	1221. 4
2004	4780. 25	3984. 30	6. 54	9. 3563	0. 8383	4. 0	1341. 19
2005	5625. 45	4534. 00	6. 7	9. 6605	0. 8602	3. 9	1446. 42
2006	6502. 74	4848. 20	6. 83	10. 0939	0. 8725	3. 8	1530. 54

年 份	V_1	V_2	V_3	V_4	V_5	V_6	Y
2007	7397.04	5448.20	6.99	10.5569	0.8674	3.8	1639.02
2008	8645.63	5961.10	7.15	10.9322	0.8729	4.0	1724.28
2009	9568.58	6329.10	7.21	11.3575	0.8719	3.9	1798.85
2010	10305.45	6473.42	7.37	11.6435	0.8743	3.9	1882.04
2011	11172.54	6898.13	7.54	11.7957	0.8815	3.8	1984.94
2012	12462.04	7166.98	7.69	12.0178	0.8801	3.7	2039.52

不同变量间存在较大的数据量级差别，必须对数据进行归一化处理以消除数据量纲，否则，数据量级差别会造成网络预测误差较大。本章将数据归一到 [0，1] 区间，计算公式如下：

$$x_i = 2(x_i - x_{min})/(x_{max} - x_{min}) - 1 \qquad (13-2)$$

式中，x_{max}、x_{min} 分别为数据序列最大值和最小值。

13.3　研究方法

遗传算法（genetic algorithms，GA）是由美国 Holland 教授提出，通过模拟自然界遗传和进化过程中的繁殖、交配和突变现象来随机搜索全局最优解而形成的一种智能算法。遗传算法首先将解空间编码为染色体空间，用染色体个体代表问题解，个体适应度值代表解的优劣程度，反复迭代执行选择、交叉和变异的三种进化操作，"优胜劣汰"，保留优良个体，淘汰劣质个体，逐渐搜寻到最优种群个体，解码后最终得到问题最优解。对于求解复杂问题，遗传算法无需建模和进行复杂计算，只利用选择、交叉、变异三种操作就能得到最优解，具有渐进式寻优、高度并行、较强的鲁棒性、易于其他算法结合等优点，广泛应用于各个领域[11~14]。

遗传算法计算过程基本流程如图 13 – 1 所示。

遗传算法计算过程如下：

（1）编码。求解之前，遗传算法需要将解空间编码为合适的染色体空间，才能执行遗传操作。二进制编码是最常使用的编码算法，它以 {0，1} 为编码符号集，将个体表示为二值符号串的形式，其中，符号串长度与问题求解精度相关，串结构数据的不同组合代表问题的不同可行解。

（2）生成初始种群。随机初始化生成 N 个串结构数据，每个串结构数据代表一个染色体个体，N 个个体组成的群体称为初始种群，遗传算法从初始种群开始迭代进化。

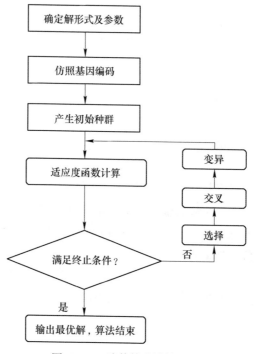

图 13-1 遗传算法计算流程

（3）适应度函数。个体的优良程度即个体接近最优解的程度以适应度来表示。适应度高的个体被选中遗传到下一代种群的概率大，适应度低的个体被选中的概率小，甚至被淘汰。一般选取测试集数据误差平方和的倒数作为适应度函数，计算公式如下：

$$f(X) = \frac{1}{SE} = \frac{1}{\mathrm{sse}(\hat{\boldsymbol{T}} - \boldsymbol{T})} = \frac{1}{\sum_{i=1}^{n}(\hat{t}_i - t_i)^2} \tag{13-3}$$

式中，$\hat{\boldsymbol{T}} = \{\hat{t}_1, \hat{t}_2, \cdots, \hat{t}_n\}$ 为测试集的预测值；$\boldsymbol{T} = \{t_1, t_2, \cdots, t_n\}$ 为测试集的真实值；n 为测试集的样本数。

（4）选择操作。选择操作（selection）是按照进化论"适者生存"的原则实现个体筛选的过程。选择操作计算个体适应度函数值，从当前群体中选择适应度值高的优良个体，淘汰适应度值低的劣质个体，新的种群个体既优于上一代，又继承了上一代的信息。

选择操作采用模拟轮盘赌法选择遗传到下一代的个体，基本思想是计算种群个体适应度值，种群个体按照适应度值占总适应度值的比例（个体相对适应度）组成一个面积为1的圆盘，然后产生一个（0,1）之间随机数，看随机数落在圆盘哪个区间，落在适应度值对应区间的个体被选中，如此反复执行，直到产生所有遗传到下一代的种群个体。可见，采用模拟轮盘赌法，适应度大的个体被选中的概率大，且能多次被选中，其遗传基因能够在下一代种群中扩大；反之，个体适应度小的个体被选中的概率小，且有可能被淘汰。

模拟轮盘赌法个体相对适应度计算公式如下：

$$F = \sum_{k=1}^{n_r} f(X_k) \tag{13-4}$$

$$p_k = \frac{f(X_k)}{F} \quad (k=1,2,\cdots,n_r) \tag{13-5}$$

在此基础上，采用模拟轮盘赌法，产生（0，1）之间随机数。

（5）交叉操作。交叉操作（crossover）是模拟生物基因重组，选择同一种群中的两个个体，随机交换部分基因，形成两个新的个体的过程。若交叉操作采用实数交叉法，第 k 个染色体 a_k 和第 l 个染色体 a_l 在 j 位的交叉操作方法如下：

$$\begin{cases} a_{kj} = a_{kj}(1-b) + a_{lj}b \\ a_{lj} = a_{lj}(1-b) + a_{kj}b \end{cases} \tag{13-6}$$

式中，b 为 [0，1] 区间内的随机数。

（6）变异操作。变异操作（mutation）是模拟基因突变，随机选择种群个体，按照一定的变异概率，改变个体一个或多个基因值，以产生新个体的过程。变异操作可维持生物个体的多样性，防止未成熟收敛。选取第 i 个个体的第 j 个基因 a_{ij} 进行变异，变异操作方法如下：

$$a'_{ij} = \begin{cases} a_{ij} + (a_{ij} - a_{max})f(g) & (r > 0.5) \\ a_{ij} + (a_{min} - a_{ij})f(g) & (r \leq 0.5) \end{cases} \tag{13-7}$$

式中，a_{max} 和 a_{min} 分别为基因 a_{ij} 的上界和下界；$f(g) = r_2(1 - g/G_{max})^2$；$r_2$ 为随机数；g 为当前迭代次数；G_{max} 为最大进化次数；r 为 [0，1] 间随机数。

13.4 结果与分析

13.4.1 模型构建

设矩阵 A、B、C、D、E、F、Y 分别表示城乡人均居民收入差距、城乡人均消费支出差距、农村居民平均受教育年限、每公顷农业机械总动力、非农产业产值比率、城镇失业率和农村剩余劳动力转移量，假定因变量和自变量服从方程 $Y'_i = \alpha A_i + \beta B_i + \lambda C_i + \eta D_i + \xi E_i + \omega F_i$，变量系数 α、β、λ、η、ξ、ω 之和为1，以因变量求解值 Y' 和期望值 Y 的相关系数 $COR(\alpha, \beta, \lambda, \eta, \xi, \omega)$ 为目标函数，则系数 α、β、λ、η、ξ、ω 表示各因素对农村剩余劳动力转移量影响大小，即：

$$\max COR(\alpha,\beta,\lambda,\eta,\xi,\omega) = \frac{\sum_{i=1}^{13}\left[\,(Y_i' - \overline{Y'})(Y_i - \overline{Y})\,\right]}{\sqrt{\sum_{i=1}^{13}(Y_i' - \overline{Y'})^2}\sqrt{\sum_{i=1}^{13}(Y_i - \overline{Y})^2}}$$

$$s.t.\begin{cases} Y' = \alpha A_i + \beta B_i + \lambda C_i + \eta D_i + \xi E_i + \omega F_i \\ \alpha + \beta + \lambda + \eta + \xi + \omega = 1 \\ 0 \leqslant \alpha \leqslant 1 \\ 0 \leqslant \beta \leqslant 1 \\ 0 \leqslant \lambda \leqslant 1 \\ 0 \leqslant \eta \leqslant 1 \\ 0 \leqslant \xi \leqslant 1 \\ 0 \leqslant \omega \leqslant 1 \end{cases} \tag{13-8}$$

13.4.2 运行结果与分析

以因变量求解值 Y' 和期望值 Y 的相关系数 $COR(\alpha,\beta,\lambda,\eta,\xi,\omega)$ 为适应度函数，以系数 α、β、λ、η、ξ、ω 作为遗传算法求解目标参数，进行二进制编码构造个体，个体位串长度设为15，种群规模设为100，代沟设为0.7（代沟大小决定父代复制到子代的程度），进化迭代次数设为1200，遗传算法模型最终求得目标函数最大值为0.9896，运行时间为3.615062s，进化过程和自变量权值见图13-2和表13-3。

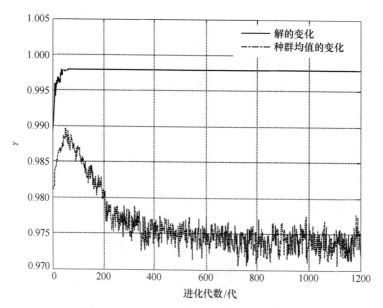

图 13-2 种群均值与目标函数值变化曲线

表 13 - 3　自变量权值系数

城乡人均居 民收入差距	城乡人均消 费支出差距	农村居民平均 受教育年限	每公顷农业 机械总动力	非农产业 产值比率	城镇失业率
0.2369	0.0001	0.2820	0.1618	0.3182	0.0010

按权值系数大小排列，河北省农村剩余劳动力转移影响因素依次为非农产业产值比率、农村居民平均受教育年限、城乡人均居民收入差距、每公顷农业机械总动力、城镇失业率、城乡人均消费支出差距。研究结果表明非农产业产值比率、农村居民平均受教育年限、城乡人均居民收入差距、每公顷农业机械总动力对河北省农村劳动力转移起着至关重要的作用，也是决定性作用。

13.5　建议

实证分析结果表明河北省农村剩余劳动力转移是非农产业发展和城乡收入差距的拉力、农民自身就业素质的定力和农业机械化发展，农业生产率提高的推力共同作用的结果。所以，河北省应该从如下几个方面来推动农村剩余劳动力转移就业：

（1）大力发展中小企业和帮扶农民自主创业，以工业化推动城镇化，有序促进农村剩余劳动力转移。

农村剩余劳动力"非农"转移本质上是"非农"就业问题。城镇工业、服务业发展形成的巨大吸纳能力是河北省农村剩余劳动力大规模转移的首要推动因素。中小企业大多数为劳动密集型企业，投资少，文化技术水平要求低，具有吸纳容量大，易于创办和就业门槛低的优点。从农民自身素质和城市就业状况来看，进入城镇中小企业或自主创业是农村剩余劳动力唯一现实选择。因此，河北省应大力发展城镇中小企业，扶持农村剩余劳动力自主创业，进而以工业和服务业推动中小城市的发展，扩大农民城镇就业空间，有序促进河北省农村剩余劳动力转移。

（2）加强农村剩余劳动力职业教育和技能培训。

目前，河北省农村居民平均受教育年限为 7.69 年，大多数农村剩余劳动力没有专业技能，只能从事低层次产业中以体力为主的工作或依靠传统经验生产的工作。这些工作普遍工资水平低，工作"脏、累、险"，不稳定，流动性大，导致进城农民的生存空间小，很难在城市立足，经济形势一旦出现问题，就会重新回流到农村，不利于农村剩余劳动力的根本转移。随着我国经济进一步转型升级，企业对工人技术要求提高，进一步压缩了一般性和体力性工作，形成了对进城农民的排斥。因此，河北省必须加大对进城农民工职业教育和技能培训投入，使他们具备与现代工业、服务业相适应的专业技能和意识，具备可与城市劳动力竞争的人力资本，才能实现农民剩余劳动力的有效和长久转移。

（3）推动农业机械化生产和适度规模化经营，促进农村经济发展，缩小城乡收入差距。

大规模农村劳动力转移主要是城乡之间较大的经济发展水平差距导致，因此，河北省应加快农村土地流转，推进农业产业化经营和适度规模化经营，提高农业机械化水平，促进农村经济发展和农民收入水平提高，缩小城乡差距，实现城乡一体化的经济结构转型，引导农村劳动力根据自身的比较优势选择工作和居住地。

（4）推进户籍制度改革，稳步推进义务教育、基本养老、基本医疗卫生、住房保障等公共服务制度建设。

长期以来，以户籍制度为核心的制度设计一直是城乡劳动力自由流动的极大障碍。河北省应进一步调整户口迁移政策，打破城乡二元户籍制度，将福利体制和社会保障制度从户籍制度上剥离，建立覆盖全部常住人口的义务教育、就业服务、基本养老、基本医疗卫生、住房保障等公共服务体系，实现公共服务均等化，稳步推进农村剩余劳动力城乡之间自由流动。

参 考 文 献

[1] Lewis W A. Economic development with unlimited supplies of labor [J]. Manchester School of Economic and Social Studies, 1954 (22): 139~191.

[2] Gustav Ranis, John C H. A theory of economic development [J]. American Economic Review, 1961 (51): 533~558.

[3] 迈克尔·P·托达罗. 经济发展与第三世界 [M]. 北京：中国经济出版社，1992.

[4] Macunovich D J. A conversation with Richard Easterlin [J]. Journal of Population Economics, 1997 (10): 119~136.

[5] 范晓非，王千，高铁梅. 预期城乡收入差距及其对我国农村劳动力转移的影响 [J]. 数量经济技术经济研究，2013 (7): 20~34.

[6] 程名望，史清华. 非经济因素对农村剩余劳动力转移作用和影响的理论分析 [J]. 经济问题，2009 (2): 90~92.

[7] 黄国华. 农村劳动力转移影响因素分析：29个省（市、自治区）的经验数据 [J]. 人口与发展，2010，16 (1): 2~10.

[8] 杨继军，马野青. 农村剩余劳动力：理论阐释、数量匡算与经验分析 [J]. 中国经济问题，2011 (5): 3~10.

[9] Yan X H, Bauer S, Huo X X. Farm size, land reallocation, and labor migration in rural China [J]. Population Space And Place, 2014, 20 (4): 303~315.

[10] 何建新，舒宏应，田云. 我国农村劳动力转移数量测算及影响因素分解研究 [J]. 中

国人口、资源与环境，2011，21（12）：148~152.

［11］薛朝改．基于自适应免疫遗传算法的企业信息系统适应性优化研究［J］．管理工程学报，2015，29（1）：106~113.

［12］刘敬，谷利泽，钮心忻，等．基于神经网络和遗传算法的网络安全事件分析方法［J］．北京邮电大学学报，2015，38（2）：50~54.

［13］刘琦铀，张成科，李铁克．基于自适应免疫遗传算法的 IPPS 问题研究［J］．工业工程与管理，2015，20（2）：181~186.

［14］毛海颖，冯仲科，巩垠熙．多光谱遥感技术结合遗传算法对永定河土壤归一化水体指数的研究［J］．光谱学与光谱分析，2014，34（6）：1649~1655.

第 3 篇
其他技术经济篇

 # 14 思维进化算法优化的
灰色神经网络模型

14.1 引言

现实世界中存在大量"小样本"、"贫信息"的不确定系统，系统受到多种因素扰动，存在大量已知信息的同时，也存在大量未知信息。灰色理论通过提炼和挖掘系统已知信息，去掉"噪声"数据，使系统不断"白化"，从而达到对系统演化规律的正确描述和对系统运行行为的有效监控。神经网络具有强大的映射和泛化能力，能够自我组织，自我学习，可逼近任意的非线性关系。灰色神经网络将两者结合，利用两种模型的优势，同时避免了单纯使用灰色模型或单纯使用神经网络解决问题的不足，达到了良好的数据处理和预测效果[1~5]。

灰色神经网络采用随机方法初始化网络参数，容易造成模型训练过程中陷入局部极值，导致模型预测不稳定。为进一步提高预测精度，优化灰色神经网络模型，国内学者提出了各种全局搜寻网络参数的智能算法，如遗传算法、粒子群算法、鱼群算法、蚁群算法等[6~14]。与遗传算法相比，思维进化算法具有如下优点：遗传算法的交叉与变异操作既能产生优良基因，也能产生劣质的破坏基因，操作具有双重性，思维进化算法使用趋同和异化操作，修正了遗传算法的缺陷；思维进化算法的趋同和异化操作既相互协调又相互独立，任一方面发生改进，都会提高算法预测精度；趋同和异化操作结构上具有并行性，提高了算法的搜索效率和计算速度；思维进化算法将种群分为优胜子群体和临时子群体，可以记忆不止一代的进化信息。

本章使用灰色模型对数据进行一次累加的灰化处理，以灰色神经网络参数作为种群个体，采用思维进化算法在全局范围搜寻最优个体，建立了思维进化算法优化的灰色神经网络模型，并以订单需求预测为例，将思维进化算法优化的灰色神经网络模型、遗传算法优化的灰色神经网络模型、未经优化的灰色神经网络模型进行了仿真对比测试。

14.2 灰色神经网络

灰色理论（grey model，GM）由我国学者邓聚龙教授在1982年首先提出，该理论将一定时空区域内变化的随机变量看作灰色变量，通过生成变换，将无规

律的数据序列转换为有规律的序列[15]。GM（1，1）模型是一种根据微分理论建立起来的灰色动态时间序列预测模型，模型将原始时间序列数据进行 1 次累加，去掉数据"噪声"，使累加后的数据序列呈现一定规律性，在此基础上，建立一阶线性微分方程，求得曲线拟合方程后，实现对时间序列数据的预测[16]。

设原始时间序列数据为 $\boldsymbol{x}^{(0)} = (\boldsymbol{x}_t^{(0)} \mid t = 0, 1, 2, \cdots, N-1)$，$\boldsymbol{x}^{(0)}$ 一次累加后得到新数据序列 $\boldsymbol{x}^{(1)}$，数列 $\boldsymbol{x}^{(1)}$ 的第 t 项数据对应原数列 $\boldsymbol{x}^{(0)}$ 前 t 项数据的累加之和。由于一阶微方程的解是指数增长形式的解，如果序列 $\boldsymbol{x}^{(1)}$ 数列符合指数增长规律，以 $y(t)$ 替代 $\boldsymbol{x}^{(1)}$，则 $y(t)$ 可表示为一阶线性微分方程：

$$\frac{\mathrm{d}y_1}{\mathrm{d}t} + ay_1 = b_1 y_2 + b_2 y_3 + \cdots + b_{n-1} y_n \tag{14-1}$$

式中，y_2，y_3，$\cdots$，y_n 为系统输入变量，y_1 为系统输出变量；a，b_1，b_2，$\cdots$，b_{n-1} 为微分方程系数。

以 $z(t)$ 表示预测结果，则式（14-1）的时间响应式可表示为：

$$z(t) = \left(y_1(0) - \frac{b_1}{a}y_2(t) - \frac{b_2}{a}y_3(t) - \cdots - \frac{b_{n-1}}{a}y_n(t)\right)\mathrm{e}^{-at} +$$
$$\frac{b_1}{a}y_2(t) + \frac{b_2}{a}y_3(t) + \cdots + \frac{b_{n-1}}{a}y_n(t) \tag{14-2}$$

令 $d = \dfrac{b_1}{a}y_2(t) + \dfrac{b_2}{a}y_3(t) + \cdots + \dfrac{b_{n-1}}{a}y_n(t)$，$z(t)$ 表达式最终转换为：

$$z(t) = \left[(y_1(0) - d) - y_1(0) \times \frac{1}{1+\mathrm{e}^{-at}} + 2d \times \frac{1}{1+\mathrm{e}^{-at}}\right] \times (1+\mathrm{e}^{-at}) \tag{14-3}$$

由式（14-3）可知，数据序列为 $\boldsymbol{x}^{(0)} = (\boldsymbol{x}_t^{(0)} \mid t = 0, 1, 2, \cdots, N-1)$ 最终可转换映射到 n 个输入神经元、1 个输出神经元的灰色神经网络（grey neural network model，GNNM），如图 14-1 所示。

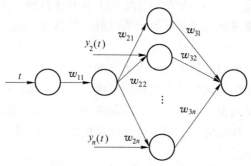

图 14-1　灰色神经网络结构

图 14-1 中，$w_{11} = a$ 为输入变量权值；$w_{2i} = \dfrac{2b_{i-1}}{a}$，$i = 2, \cdots, n$ 为输入层到隐含层权值；$w_{3j} = 1 + \mathrm{e}^{-at}$，$j = 1, \cdots, n$ 为隐含层到输出层权值；t 为输入参数

序号。最终，灰色神经网络输出公式为：

$$y_1 = w_{31}c_1 + w_{32}c_2 + \cdots + w_{3n}c_n - \theta_{y1} \qquad (14-4)$$

式中，$c_1 = hw_{21}, h = \dfrac{1}{1 + \mathrm{e}^{-w_{11}t}}, c_i = y_i(t)hw_{2i}(i = 2, \cdots, n), \theta_{y1} = (1 + \mathrm{e}^{-at})[d -$

$y_1(0)]$。

14.3　思维进化算法优化灰色神经网络模型

14.3.1　思维进化算法原理

思维进化算法（mind evolutionary algorithm，MEA）是一种模拟人类思维进步的进化算法。思维进化算法使用趋同与异化两种操作，以群体寻优代替个体寻优，避免了遗传算法的缺陷。趋同操作是个体竞争成为胜者的过程，发生在子群体范围内。异化操作是子群体为了成为胜者而竞争，不断探索解空间新点的过程，发生在整个解空间内。算法运行过程中，趋同和异化操作反复执行直至满足算法终止运行条件[17,18]。

思维进化算法具有正负反馈机制，正反馈机制保障算法向有利于群体生存的方向发展，巩固和发展进化成果，负反馈机制则防止算法早熟，避免算法陷入局部最优解。思维进化算法结构上的并行性，保证了算法具有很高的搜索效率，克服了遗传算法计算时间过长和早熟等缺陷，对干扰也具有极强的鲁棒性。理论应用和工程实践证明思维进化算法具有很高的搜索效率和收敛特性[19~24]。

14.3.2　思维进化算法优化灰色神经网络模型

灰色神经网络最终训练结果为一组权值和阈值，由图14-1权值和阈值计算公式可知，权值和阈值取决于参数 a，b_1，b_2，$\cdots$，b_{n-1}。采用随机方法初始化参数 a，b_1，b_2，$\cdots$，b_{n-1}使得灰色神经网络很难进化到全局最优解，容易陷入局部极值，导致模型预测结果不稳定。利用思维进化算法优化灰色神经网络，将参数 a，b_1，b_2，$\cdots$，b_{n-1}作为种群个体编码，以个体对应的灰色神经网络预测误差作为个体适应度值，使用思维进化算法，经过趋同与异化操作的不断迭代进化，最终得到种群最优个体，解码后作为灰色神经网络参数，从而建立思维进化算法优化灰色神经网络模型（MEA-GNNM），计算过程如图14-2所示。

计算步骤为：

（1）数据灰化处理。将原始时间序列数据 $\boldsymbol{x}^{(0)} = (\boldsymbol{x}_t^{(0)} \mid t = 0, 1, 2, \cdots,$ $N-1)$归一化处理后进行一次累加或多次累加，去掉"噪声"数据影响，生成新的时间序列数据 $y(t)$，将 $y(t)$ 作为灰色神经网络训练样本。

（2）初始化种群个体。灰色神经网络权值和阈值最终通过参数 a 和 b_i 计算得到，以网络结构确定待优化的网络参数 a 和 b_i 作为种群个体长度，随机产生 N

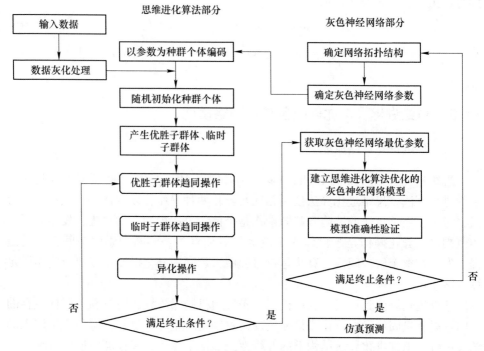

图 14 - 2　思维进化算法优化灰色神经网络计算过程

个初始种群个体，以灰色神经网络输出的平均绝对误差作为种群个体适应度函数，计算公式为：

$$f_i = \frac{1}{n} \sum_{i=1}^{n} \sum_{k=1}^{m} |y_{ik} - t_{ik}| \qquad (14-5)$$

式中，y_{ik} 为测试集的预测值；t_{ik} 为测试集的真实值；n 为测试集的个数；m 为输出节点个数。

（3）产生优胜子群体和临时子群体。根据个体适应度值，搜索出得分最小的 N_s 个优胜个体 g_s 和 N_t 个临时个体 g_t。分别以优胜个体和临时个体为中心，在每个个体的周围产生一些新的个体，从而得到 N_s 个优胜子群体 G_s 和 N_t 个临时子群体 G_t，子群体个数为 $N_p = N/(N_s + N_t)$。

（4）趋同。计算优胜子群体和临时子群体中所有个体的适应度值，以子群体中最优个体 g_s^* 和 g_t^*（即中心）作为子群体中心，以最优个体的得分作为该子群体得分。g_s^* 和 g_t^* 适应度值描述如下：

$$f_s^* = \min\{(f(g):g \in G_s),1 \leq s \leq N_s\} \qquad (14-6)$$

$$f_t^* = \min\{(f(g):g \in G_t),1 \leq t \leq N_t\} \qquad (14-7)$$

（5）子群体成熟判断。群体趋同过程中，当前群体中心为最优个体，不再产生新的优胜个体，则子群体成熟，转步骤（6），否则转步骤（4），再次执行趋同操作。

（6）异化。子群体成熟后，将各个子群体的得分在全局公告板上张贴，若有临时子群体 G_t 的得分低于某个成熟优胜子群体 G_s 的得分，则该优胜子群体 G_s 被获胜临时子群体 G_t 替换，原优胜子群体 G_s 的个体被释放，原获胜临时子群体 G_t 被新的临时子群体 G_t' 替换，G_t' 中的个体在解空间均匀散布。

（7）迭代进化。在优胜子群体和临时子群体中选出适应度值最小的优胜子群体，判断是否满足终止条件。若是，则停止进化，否则重复步骤（4）~（6）的操作。

（8）解码最优个体，建立思维进化优化灰色神经网络。思维进化算法迭代停止条件结束后，以优胜子群体中心作为最优种群个体，解码产生灰色神经网络参数值，建立思维进化优化灰色神经网络。

14.4 模型应用

14.4.1 数据来源及灰化处理

由于以算法优化设计为目标，所以本章选用文献［16］中的冰箱销量数据为数据来源，选取价格波动、分销商联合预测、需求趋势、市场份额和订单满足率 5 个变量作为影响因素对冰箱订单数进行预测。首先将原始数据进行归一化处理，处理后的数据见表 14 - 1，然后对数据进行一次累加灰化处理，以去掉"噪声"数据干扰，选择前 30 个月累加数据作为训练样本数据，后 6 个月累加数据作为仿真测试数据。

表 14 - 1　样本数据

月份	价格波动	分销商预测	需求趋势	市场份额	订单满足率	订单数
1	0.6854	0.5773	0.5485	0.8680	0.9844	1.522
2	0.6567	0.7184	0.5943	0.7612	0.9510	1.431
3	0.6802	0.6230	0.6346	0.7153	0.9494	1.671
4	0.7442	0.6924	0.7838	0.8895	0.9291	1.775
5	0.6335	0.5831	0.5182	0.8228	0.8668	1.630
6	0.6690	0.7863	0.7207	0.8897	0.9516	1.670
7	0.7347	0.4497	0.6480	0.6915	0.8530	1.592
8	0.6788	0.7356	0.7291	0.9309	0.9968	2.041
9	0.7228	0.7679	0.7753	0.7970	0.8702	1.631
10	0.6363	0.8039	0.7923	0.8961	0.9478	2.028
11	0.6658	0.8797	0.7491	0.8884	0.9398	1.586
12	0.6157	0.7204	0.7550	0.7602	0.9134	1.716

续表 14-1

月份	价格波动	分销商预测	需求趋势	市场份额	订单满足率	订单数
13	0.6204	0.6145	0.5498	0.8127	0.9284	1.511
14	0.6328	0.6857	0.5404	0.7486	0.9591	1.455
15	0.6585	0.6368	0.6182	0.7471	0.9802	1.568
16	0.7646	0.7411	0.7931	0.9681	0.8886	1.883
17	0.7181	0.5669	0.5496	0.8658	0.7832	1.562
18	0.6357	0.7933	0.6644	0.8992	0.9087	1.690
19	0.7730	0.4907	0.5768	0.7130	0.8829	1.791
20	0.6768	0.8092	0.7473	0.9531	0.9964	2.019
21	0.6796	0.8512	0.8236	0.8079	0.9272	1.852
22	0.6386	0.8567	0.8640	0.8862	0.9685	1.539
23	0.6944	0.8775	0.7814	0.941	0.9629	1.728
24	0.6987	0.7630	0.7285	0.7868	0.8805	1.676
25	0.6286	0.5898	0.5476	0.8223	0.9355	1.667
26	0.6811	0.7326	0.5557	0.7072	0.9553	1.351
27	0.7009	0.6151	0.5519	0.6816	0.9736	1.603
28	0.8068	0.7477	0.8039	0.8852	0.9644	1.876
29	0.7138	0.5306	0.4490	0.7941	0.8281	1.631
30	0.6223	0.7562	0.6729	0.8526	0.9452	1.750
31	0.7920	0.4979	0.6012	0.6640	0.8878	1.600
32	0.7032	0.7432	0.7751	0.9155	0.9168	1.946
33	0.6393	0.7692	0.7931	0.7635	0.8757	1.636
34	0.6756	0.8065	0.7598	0.8426	0.9234	1.865
35	0.6892	0.8949	0.8357	0.9483	0.9779	1.829
36	0.6134	0.7907	0.7342	0.7572	0.8862	1.814

14.4.2 仿真对比结果

根据样本对确定的灰色神经网络结构为 1-1-6-1，以待求解的灰色神经网络参数 a，b_1，b_2，…，b_5 作为种群个体编码，种群个体长度为6。粒子群种群规模为200，优胜子群体和临时子群体为5，子群体规模为10，迭代20次。

使用前30个月样本数据训练思维进化算法优化的灰色神经网络模型（MEA-GNNM），使用后6个月的数据进行仿真测试，并和遗传算法优化的灰色神经网络模型（GA-GNNM）、未经优化的灰色神经网络模型（GNNM）进行比较，三种模型计算得到的最优网络参数 a，b_1，b_2，…，b_5 见表14-2，三种模型对比仿真预测结果见表14-3和图14-3～图14-5。

表 14 - 2 参数求值结果

模型类别	a	b_1	b_2	b_3	b_4	b_5
MEA - GNNM	0.4154	0.4193	0.6454	1.1734	0.3805	1.0027
GA - GNNM	0.6787	0.7507	0.6725	0.3922	0.6555	0.1695
GNNM	0.5393	0.4213	0.5001	0.3355	0.4054	0.5289

表 14 - 3 实验对比测试结果

模型类别	误差总和	均方根误差	平均误差百分比/%	运行时间/s
MEA - GNNM	4457.6000	920.7372	4.04	1.1509
GA - GNNM	5314.2000	1050.9000	4.86	1.4681
GNNM	7376.7000	1445.6000	7.10	0.8312

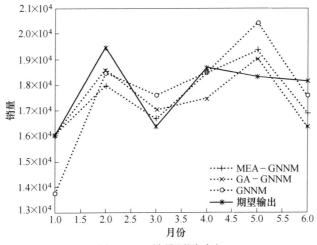

图 14 - 3 销量预测对比

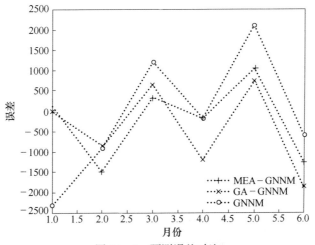

图 14 - 4 预测误差对比

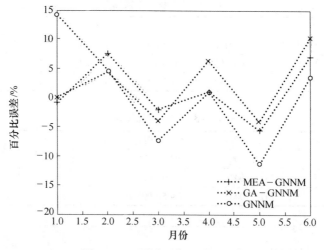

图 14 – 5 预测百分比误差对比

从表 14 – 3 可以看出，相同测试数据集，MEA – GNNM 后 6 个月销量预测误差总和、均方根误差、平均误差百分比、运行时间分别为 4457.6000、920.7372、4.04% 和 1.1509s，GA – GNNM 后 6 个月销量预测误差总和、均方根误差、平均误差百分比分别为 5314.2000、1050.9000、4.86% 和 1.4681s，GNNM 后 6 个月销量预测误差总和、均方根误差、平均误差百分比、运行时间分别为 7376.7000、1445.6000、7.10% 和 0.8312s，可见，优化后的灰色神经网络模型（GNNM）预测精度高于未经优化的神经网络模型（GNNM），思维进化算法优化的灰色神经网络模型（MEA – GNNM）预测精度高于遗传算法优化的灰色神经网络模型（GA – GNNM），且运行时间更短，参数搜寻速度更快。

图 14 – 3 ~ 图 14 – 5 分别为销量预测对比图、预测误差对比图、预测百分比误差对比图。可以看出，MEA – GNNM 预测效果最好，误差波动最小。

14.5 结论

神经网络具有强大的非线性映射能力，灰色理论将原始数据进行累加，减少了数据随机性，便于找出数据变化规律，灰色神经网络模型结合了灰色理论与BP 神经网络两者的优点，具有强大的小样本处理能力和非线性关系逼近能力。但灰色神经网络初始参数的选择对网络训练的影响很大，而又无法准确获得，本章使用思维进化算法优化灰色神经网络的白化参数 a，b_1，b_2，$\cdots$，b_{n-1}，建立了思维进化算法优化的灰色神经网络模型。冰箱订单仿真对比预测结果表明，思维进化算法优化后灰色神经网络模型（MEA – GNNM）的预测效果优于遗传算法优化的灰色神经网络模型（GA – GNNM）和未优化的灰色神经网络模型（GNNM），思维进化算法相对于其他智能算法有更好的收敛速度和精度。研究结果为优化灰色神经网络模型参数提供了一种新思路，也为时间序列预测提供了一种预测精度更高的新方法。

参 考 文 献

［1］ Pai Tzu–Yi, Lo Huang–Mu, Wan Terng–Jou, et al. Predicting air pollutant emissions from a medical incinerator using grey model and neural network ［J］. Applied Mathematical Modeling, 2015, 39（5~6）: 1513~1525.

［2］ Chen Peng–Wen, Lin Wei–Yuan, Huang Tsui–Hua, et al. Using fruit fly optimization algorithm optimized grey model neural network to perform satisfaction analysis for e–business service ［J］. Applied Mathematics & Information Sciences, 2013, 7（2）: 459~465.

［3］ Zhang Yi, Yang Jian–guo, Jiang Hui. Machine tool thermal error modeling and prediction by grey neural network ［J］. International Journal of Advanced Manufacturing Technology, 2012, 59（9~12）: 1065~1072.

［4］ Pai Tzu–Yi, Lin Kae–Long, Shie Je–Lung, et al. Predicting the co–melting temperatures of municipal solid waste incinerator fly ash and sewage sludge ash using grey model and neural network ［J］. Waste Management & Research, 2011, 29（3）: 284~293.

［5］ Yang Shih–Hung, Chen Yon–Ping. Intelligent forecasting system using grey model combined with neural network ［J］. International Journal of Fuzzy Systems, 2011, 13（1）: 8~15.

［6］ 李国勇, 闫芳, 郭晓峰. 基于遗传算法的灰色神经网络优化算法 ［J］. 控制工程, 2013, 20（5）: 934~937.

［7］ 葛少云, 贾鸥莎, 刘洪. 基于遗传灰色神经网络模型的实时电价条件下短期电力负荷预测 ［J］. 电网技术, 2012, 36（1）: 224~229.

［8］ 章杰宽, 朱普选. 动态粒子群算法优化灰色神经网络的旅游需求预测模型研究 ［J］. 管理评论, 2013, 25（3）: 60~66.

［9］ 马吉明, 徐忠仁, 王秉政. 基于粒子群优化的灰色神经网络组合预测模型研究 ［J］. 计算机工程与科学, 2012, 34（2）: 146~149.

［10］ 马军杰, 尤建新, 陈震. 基于改进粒子群优化算法的灰色神经网络模型 ［J］. 同济大学学报（自然科学版）, 2012, 40（5）: 740~743.

［11］ 廖煜雷, 刘鹏, 王建, 等. 基于改进人工鱼群算法的无人艇控制参数优化 ［J］. 哈尔滨工程大学学报, 2014, 35（7）: 800~806.

［12］ 魏立新, 张峻林, 刘青松. 基于改进人工鱼群算法的神经网络优化 ［J］. 控制工程, 2014, 21（1）: 84~93.

［13］ 李积英, 党建武. 基于量子空间的蚁群算法及应用 ［J］. 系统工程与电子技术, 2013, 35（10）: 2229~2232.

［14］ 张超, 李擎, 陈鹏, 等. 一种基于粒子群参数优化的改进蚁群算法及其应用 ［J］. 北京科技大学学报, 2013, 35（7）: 955~960.

[15] 邓聚龙. 灰色系统基本方法 [M]. 武汉：华中科技大学出版社，2005：38～42.

[16] 王小川，史峰，郁磊，等. Matlab 神经网络 43 个案例分析 [M]. 北京：北京航空航天大学出版社，2013.

[17] Sun Chengyi, Sun Yan. Mind – evolution – based machine learning：framework and the implementation of optimization [C]. Proceedings of the IEEE International Conference on Intelligent Engineering Systems, Vienna, Austria, 1998：355～359.

[18] 孙承意，周秀玲，王皖贞. 思维进化计算的描述与研究成果综述 [J]. 通讯与计算机，2004，1 (1)：13～21.

[19] 杜金玲，刘大莲，李奇会. 一种嵌入思维进化的新的进化算法 [J]. 运筹与管理，2012，21 (3)：95～98.

[20] 周秀玲，孙承意. Pareto – MEC 算法及其收敛性分析 [J]. 计算机工程，2007，33 (10)：233～236.

[21] 李根，李文辉. 基于思维进化的机器学习的遮挡人脸识别 [J]. 吉林大学学报 (工学版)，2014，44 (5)：1410～1416.

[22] 陈媛媛，王志斌，王召巴. 思维进化蝙蝠算法及其在混合气体红外光谱特征选择中的应用 [J]. 红外与激光工程，2015，44 (3)：845～851.

[23] 薛正华，刘伟哲，董小社，等. 基于思维进化的集群作业调度方法研究 [J]. 西安交通大学学报，2008，42 (6)：651～764.

[24] 王军伟，王兴伟，黄敏. 一种基于思维进化计算和博弈论的 QoS 组播路由算法 [J]. 东北大学学报 (自然科学版)，2008，29 (2)：201～212.

15 熵权 TOPSIS 指数在河北省 民生质量评价中的应用

15.1 引言

民生即国民（城乡居民）的生活问题，也就是民众的基本生存和生活状态，以及民众的发展机会、发展能力和基本权益状况等。民生问题历来是关乎民众幸福和社会长期可持续发展的重大问题。在当下正处于经济社会双重转型时期的中国，民众及政府已从过去单纯追求经济增长转变为更加关注生活的幸福和周围环境的优良。因此将民生指数纳入社会进步评估体系，探索民生质量评价方法具有重要意义。

15.2 指标体系构建

15.2.1 研究现状

世界上许多国家、地区和国际组织都非常关注民生指数。自 1991 年以来，联合国根据世界各国民众的寿命、购买力、教育程度等数据，每年都会对各国的综合民生指数进行排名；整个欧洲设有"欧洲生活质量指标体系"，建立生活品质方面的评价指标；英国创设了国民发展指数，综合考虑社会、环境成本和自然资本；加拿大设有"加拿大福祉指数"；日本设立了国民幸福总值[1]。我国对民生指数的研究起步较晚，浙江省在 2007 年发布了全国首份《浙江民生报告》，2010 年 3 月 22 日福建省人民政府官方网站发布了"国统局厦门调查队研究测算民生质量指数"的公告，但在计算民生指数采取的指标体系、权重体系、评价方法等方面尚存在不同的认识[2]。

对于民生指数的计量，国内外学者采用得比较多的是生活满意度和居民幸福指数。这两种指标都是从微观的角度出发，通过抽样调查的方式，将微观样本数据进行综合，来了解居民的主观幸福感，并以此来反映某区域居民的总体状况。由于人的满意度和幸福感受到主观因素的影响，样本具有随机性，且只能反映人们对当前生活的综合评价，因此需要建立科学的民生质量评价指标体系，通过获取客观数据，来真实地反映和评价民生水平，避免生活满意度和居民幸福指数的缺陷[1]。

15.2.2 指标体系构建

民生是一个动态的、持续发展的概念，不同的社会发展阶段、时代会赋予民生不同的内涵。现阶段的民生问题不再是简单的衣食之忧，而是包括教育、就业、住房、收入分配、社会保障、医疗卫生、自然环境等诸多方面的全方位、高层次的民生问题，其核心是人的全面发展。具体可以概括为七个方面，即"教育是民生之基"、"就业是民生之本"、"分配是民生之源"、"社保是民生之依"、"医疗是民生之急"、"住房是民生之要"、"环境是民生之托"[3]。

通过借鉴国内外相关研究文献，根据民生发展的不同层面，本章构建了收入与消费、就业、社会保障、居住、教育、医疗卫生和环境7个方面共计28个指标的民生指数评价体系[1~4]。该体系的7个评价方面相互作用、制约与平衡，构成一个有机整体，见表15-1。

表15-1 民生质量综合评价指标体系

一级指标	二 级 指 标	代码	单位	指标性质
收入与消费	城镇居民人均可支配收入	X_1	元	正指标
	农村居民家庭人均纯收入	X_2	元	正指标
	居民消费水平	X_3	元	正指标
	城镇居民家庭人均文教娱乐服务消费支出	X_4	元	正指标
	农村居民家庭平均每人文教娱乐消费支出	X_5	元	正指标
就业	城镇单位就业人员平均工资	X_6	元	正指标
	城镇登记失业率	X_7	%	负指标
社会保障	城镇职工基本医疗保险年末参保覆盖率	X_8	%	正指标
	城镇职工养老保险覆盖率	X_9	%	正指标
	城镇失业保险覆盖率	X_{10}	%	正指标
	新型农村社会养老保险试点参保覆盖率	X_{11}	%	正指标
居住	农村居民人均住房面积	X_{12}	m²/人	正指标
	城镇人均住宅建筑面积	X_{13}	m²	正指标
	房价收入比	X_{14}		负指标
	居住类城市居民消费价格指数	X_{15}		正指标
教育	教育支出占地方财政预算支出的比重	X_{16}	%	正指标
	每十万人口高等学校平均在校生数	X_{17}	人	正指标
	普通高校生师比	X_{18}		正指标
医疗卫生	医疗卫生支出占地方财政预算支出的比重	X_{19}	%	正指标
	每万人拥有卫生技术人员数	X_{20}	人	正指标
	每万人医疗卫生机构床位数	X_{21}	张	正指标
	新型农村合作医疗人均筹资	X_{22}	元	正指标
环境	森林覆盖率	X_{23}	%	正指标
	建成区绿化覆盖率	X_{24}	%	正指标
	生活垃圾无害化处理率	X_{25}	%	正指标
	单位GDP废水排放量	X_{26}	万吨/亿元	负指标
	单位GDP二氧化硫排放量	X_{27}	吨/亿元	负指标
	单位GDP烟（粉）尘排放量	X_{28}	吨/亿	负指标

15.3 研究方法

15.3.1 熵权法

熵原本是热力学概念，最先由 C. E. Shannon 引入信息论，称之为信息熵。现已在工程技术、社会经济等领域得到十分广泛的应用。熵权法是一种客观赋权方法。在具体使用过程中，熵权法根据各指标的变异程度，利用信息熵计算出各指标的熵权，再通过熵权对各指标的权重进行修正，从而得出较为客观的指标权重。

根据信息论的基本原理，信息是系统有序程度的一个度量，而熵是系统无序程度的一个度量。某个指标的熵值越小，则指标值变异程度越大，提供的信息量越多，在综合评价中该指标的权重越大，反之，指标权重越小[5,6]。

设有 m 个待评项目，n 个评价指标，则有原始矩阵：

$$A = \begin{bmatrix} x_{11} & x_{12} & \cdots & x_{1n} \\ x_{21} & x_{22} & \cdots & x_{2n} \\ \vdots & \vdots & & \vdots \\ x_{m1} & x_{m2} & \cdots & x_{mn} \end{bmatrix}$$

式中，x_{ij} 为第 i 个项目第 j 个指标的评价值。

求各指标熵权过程如下：

（1）指标数据无量纲化处理。考虑到被评价对象的不同指标往往具有不同的量纲和量纲单位，为了消除由此产生的指标的不可公度性，运用功效系数变换法，对这一评价指标值进行无量纲化处理。其具体做法如下：

对于正指标（指标值越大越好），令

$$Y_{ij} = (1 - a) + a(X_{ij} - X_{\min(j)})/(X_{\max(j)} - X_{\min(j)}) \qquad (15-1)$$

对于逆指标（指标值越小越好），令

$$Y_{ij} = (1 - a) + a(X_{\max(j)} - X_{ij})/(X_{\max(j)} - X_{\min(j)}) \qquad (15-2)$$

式中，$X_{\max(j)} = \max\{X_{ij}\}$，$X_{\min(j)} = \min\{X_{ij}\}$；$0 < a < 1$，一般可取 $a = 0.9$。

经过上述变换后得到 Y_{ij}，是原始数据 X_{ij} 的无量纲化形式，Y_{ij} 形成一个规范化决策矩阵 $B = (Y_{ij})_{m \times n}$。

（2）无量纲化指标数据比重化变换。变换公式如下：

$$\begin{cases} P_{ij} = \dfrac{Y_{ij}}{\sum\limits_{i=1}^{m} Y_{ij}} \quad (i = 1, 2, \cdots, m; \ j = 1, 2, \cdots, n) \\[3mm] W_j = H_j \Big/ \sum\limits_{j=1}^{n} H_j \quad (j = 1, 2, \cdots, n) \end{cases} \qquad (15-3)$$

（3）计算指标熵值。计算公式如下：

$$E_j = - K \sum_{i=1}^{m} P_{ij} \ln P_{ij} \quad (K = 1/\ln m; \quad j = 1,2,\cdots,n) \tag{15-4}$$

（4）计算指标差异系数。计算公式如下：

$$H_j = 1 - E_j \quad (j = 1,2,\cdots,n) \tag{15-5}$$

（5）计算指标熵权。计算公式如下：

$$W_j = H_j \Big/ \sum_{j=1}^{n} H_j \quad (j = 1,2,\cdots,n) \tag{15-6}$$

15.3.2　TOPSIS 法原理

TOPSIS 的全称是"逼近于理想值的排序方法"（technique for order preference by similarity to ideal solution）是 Hwang、Yoon 于 1981 年提出的一种适用于根据多项指标对评价对象进行比较选择的分析方法。TOPSIS 法，也称为理想解法，其原理是通过测度被评价对象的指标评价值向量与综合评价问题的理想解（最优解）和负理想解（最劣解）的相对距离来进行排序。若某被评价对象的指标评价值向量最接近于最优解同时又最远离最劣解，则该被评价对象被评价为最佳；反之，则被评价为最差。用这种方法可以对各被评价对象进行排序[7,8]。运用 TOPSIS 法对各指标进行评价的具体步骤如下：

（1）计算加权规范化决策阵。由规范化决策矩阵 $\boldsymbol{B} = (Y_{ij})_{m \times n}$ 和权重向量 $\boldsymbol{W} = (W_1, W_2, \cdots, W_n)$，构成加权的规范化决策矩阵：

$$\boldsymbol{R} = (R_{ij})_{m \times n} = (W_j Y_{ij})_{m \times n} \tag{15-7}$$

（2）确定正理想解 $\boldsymbol{S}^+$ 向量和负理想解 $\boldsymbol{S}^-$ 向量。计算公式如下：

$$\boldsymbol{S}^+ = (\boldsymbol{R}_j^+) \quad (j = 1,2,\cdots,n) \tag{15-8}$$

$$\boldsymbol{R}_j^+ = \max(\boldsymbol{R}_{1j}, \boldsymbol{R}_{2j}, \cdots, \boldsymbol{R}_{mj}) \quad (j = 1,2,\cdots,n) \tag{15-9}$$

$$\boldsymbol{S}^- = (\boldsymbol{R}_j^-) \quad (j = 1,2,\cdots,n) \tag{15-10}$$

$$\boldsymbol{R}_j^- = \min(\boldsymbol{R}_{1j}, \boldsymbol{R}_{2j}, \cdots, \boldsymbol{R}_{mj}) \quad (j = 1,2,\cdots,n) \tag{15-11}$$

（3）计算各评价对象与正理想解、负理想解距离。采用欧几里得距离公式，分别计算各被评价对象的指标评价值向量到理想解 $\boldsymbol{S}^+$ 的距离 d_i^+ 和到负理想解 $\boldsymbol{S}^-$ 的距离 d_i^-。

$$d_i^+ = \sqrt{\sum_{j=1}^{n} (r_{ij} - r_j^+)^2} \quad (i = 1,2,\cdots,m) \tag{15-12}$$

$$d_i^- = \sqrt{\sum_{j=1}^{n} (r_{ij} - r_j^-)^2} \quad (i = 1,2,\cdots,m) \tag{15-13}$$

（4）计算各评价对象的综合评价指数。计算公式如下：

$$C_i = 100 \times d_i^- / (d_i^+ + d_i^-) \quad (i = 1,2,\cdots,m) \tag{15-14}$$

15.4 实证研究

15.4.1 数据来源

本章所用数据来自国家统计局（http：//www. stats. gov. cn/）2012 年度分省数据，其中城镇建筑面积最新统计数据为 2005 年，新型农村社会养老保险试点参保覆盖率、每万人卫生技术人员数最新统计数据为 2011 年，房价收入比来自上海易居房地产研究院系列年度报告《全国 30 个省（市、自治区）房价收入比排行榜》2013 年度数据。

15.4.2 河北省民生质量评价

通过表 15 - 1 指标体系建立全国 31 个省（市、自治区）的判断矩阵，并根据式（15 - 1）~ 式（15 - 11）分别计算 2012 年各指标的熵值、权重、最优解（S^+）和最劣解（S^-），见表 15 - 2。按照式（15 - 12）~ 式（15 - 14）分别计算全国 31 个省（市、自治区）的指标值与最优解（S^+）和最劣解（S^-）的欧氏距离以及综合评价指数 C_i，并汇总计算出河北省各一级和二级指标的指数、排名和全国均值，见表 15 - 3 和表 15 - 4。

使用 SPSS 20.0 层次聚类方法，对全国 31 个省（市、自治区）28 个二级指标 TOPSIS 指数进行聚类分析，其中个案距离采用平方欧式距离，聚类方法采用平均组间连锁法，输出河北省与其他 30 个省（市、自治区）平方 Euclidean 距离（见表 15 - 5）和树状图（如图 15 - 1 所示）。

表 15 - 2 各指标的熵值、权重、最优解和最劣解

指标	X_1	X_2	X_3	X_4	X_5	X_6	X_7
E_j	0.94462	0.95376	0.96554	0.97361	0.97234	0.94043	0.96279
W_j	0.05904	0.04930	0.03673	0.02814	0.02949	0.06351	0.03967
S^+	0.05904	0.04930	0.03673	0.02814	0.02949	0.06351	0.03967
S^-	0.00590	0.00493	0.00367	0.00281	0.00295	0.00635	0.00397
指标	X_8	X_9	X_{10}	X_{11}	X_{12}	X_{13}	X_{14}
E_j	0.95421	0.96680	0.95510	0.97420	0.94664	0.95892	0.98699
W_j	0.04881	0.03539	0.04787	0.02750	0.05689	0.04379	0.01387
S^+	0.04881	0.03539	0.04787	0.02750	0.05689	0.04379	0.01387
S^-	0.00488	0.00354	0.00479	0.00275	0.00569	0.00438	0.00139
指标	X_{15}	X_{16}	X_{17}	X_{18}	X_{19}	X_{20}	X_{21}
E_j	0.98514	0.98282	0.96961	0.98441	0.97440	0.96152	0.96312
W_j	0.01584	0.01832	0.03239	0.01662	0.02729	0.04102	0.03932

续表 15 – 2

指标	X_{15}	X_{16}	X_{17}	X_{18}	X_{19}	X_{20}	X_{21}
S^+	0.01584	0.01832	0.03239	0.01662	0.02729	0.04102	0.03932
S^-	0.00158	0.00183	0.00324	0.00166	0.00273	0.00410	0.00393
指标	X_{22}	X_{23}	X_{24}	X_{25}	X_{26}	X_{27}	X_{28}
E_j	0.92653	0.95606	0.97837	0.98171	0.98160	0.98471	0.97603
W_j	0.07832	0.04685	0.02306	0.01950	0.01962	0.01630	0.02555
S^+	0.07832	0.04685	0.02306	0.01950	0.01962	0.01630	0.02555
S^-	0.00783	0.00468	0.00231	0.00195	0.00196	0.00163	0.00255

表 15 – 3　河北省民生质量综合评价指数、排名和全国均值

模块和要素	得　分	排　名	全国均值
综合评价结果	28.91594	20	33.79194
收入消费	20.74132	18	30.80354
就业	9.778409	26	24.01027
社会保障	24.57295	20	30.92341
居住	37.37178	13	38.76672
教育	44.31522	17	43.15725
医疗卫生	28.13644	9	24.62901
环境	47.05577	20	54.32216

表 15 – 4　河北省民生质量评价指标指数、排名和全国均值

指　标	指标值	排名	全国均值
城镇居民人均可支配收入	14.70384	19	26.31941
农村居民家庭人均纯收入	26.88351	12	29.99609
居民消费水平	17.14259	21	28.39155
城镇居民家庭人均文教娱乐服务消费支出	20.58805	29	40.52325
农村居民家庭平均每人文教娱乐消费支出	27.77924	20	38.47606
城镇单位就业人员平均工资	4.698486	24	19.50193
城镇登记失业率	17.24138	22	30.25584
城镇职工基本医疗保险年末参保覆盖率	17.34758	15	22.67327
城镇职工养老保险覆盖率	28.7719	22	42.81789
城镇失业保险覆盖率	6.220932	24	19.71944
新型农村社会养老保险试点参保覆盖率	61.06464	10	45.83557
农村居民人均住房面积	28.68421	16	31.4601

指　　　标	指标值	排名	全国均值
城镇人均住宅建筑面积	39.16667	11	36.16935
房价收入比	82.10526	17	75.99321
居住类城市居民消费价格指数	78.57143	9	66.35945
教育支出占地方财政预算支出的比重	91.51389	4	65.35433
每十万人口高等学校平均在校生数	21.13156	22	29.25288
普通高校生师比	63.26087	13	60.06311
医疗卫生支出占地方财政预算支出的比重	87.01138	4	55.8937
每万人卫生技术人员数	12.17391	20	20.58906
每万人医疗卫生机构床位数	59.30382	7	37.87585
新型农村合作医疗人均筹资	2.393838	22	9.477989
森林覆盖率	30.96447	19	44.03144
建成区绿化覆盖率	67.90123	9	52.23019
生活垃圾无害化处理率	68.21306	23	74.6813
单位 GDP 废水排放量	59.06131	13	56.13614
单位 GDP 二氧化硫排放量	73.15238	22	73.39854
单位 GDP 烟（粉）尘排放量	51.95373	25	70.33518

表 15 - 5　河北省与其他省（市、自治区）聚类分析 Euclidean 距离

北京市	183.038	上海市	149.093	湖北省	7.532	云南省	10.764
天津市	56.76	江苏省	45.014	湖南省	11.231	西藏自治区	57.023
河北省	0	浙江省	61.361	广东省	38.421	陕西省	11.322
山西省	11.684	安徽省	8.755	广西壮族自治区	23.793	甘肃省	28.94
内蒙古自治区	33.599	福建省	23.571	海南省	38.868	青海省	48.157
辽宁省	25.388	江西省	14.281	重庆市	21.118	宁夏回族自治区	40.744
吉林省	23.548	山东省	12.004	四川省	11.224	新疆维吾尔自治区	41.55
黑龙江省	39.614	河南省	6.963	贵州省	23.282		

15.4.3　河北省民生质量分析

（1）从总体上看，河北省民生水平较低，落后于其经济发展。

从表 15 - 3 来看，2012 年河北省民生质量综合指数 28.91594 分，居全国第 20 位，落后于北京市、上海市、浙江省、江苏省、福建省、广东省、天津市、山东省、重庆市、湖南省、江西省、海南省、四川省、辽宁省、湖北省、陕西

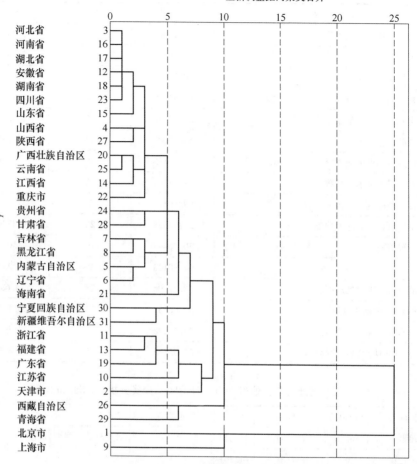

图 15 - 1　聚类结果树状图

省、河南省、广西壮族自治区、新疆维吾尔自治区等 19 个省（市、自治区），仅好于安徽省、云南省、黑龙江省、吉林省、内蒙古自治区、山西省、西藏自治区、宁夏回族自治区、贵州省、甘肃省、青海省等 11 个省（自治区）。

　　根据聚类分析的结果，河北省民生质量和河南省、湖北省、安徽省较接近，与接壤的北京市（民生质量综合指数 66.02335，排名第 1）、天津市（民生质量综合指数 40.9184，排名第 7）、山东省（民生质量综合指数 36.68291，排名第 8）差距较大，仅比西边的煤炭大省山西省（民生质量综合指数 25.35068，排名第 26）有较小的优势。

　　河北省民生质量与同期河北省地区生产总值居全国第 6 位、地方财政税收收入居全国第 9 位形成了较大反差。很明显，河北省的民生质量落后于河北省的经济发展，对于改善民生质量投入不足。

（2）从二级指标看，就业、环境、社会保障问题突出，尤其是就业问题是当前影响河北省民生质量提高的主要因素。

从表 15 - 3 看，2012 年河北省民生质量评价的七个要素中，医疗卫生优势明显，指数为 28.13644 分，高于全国平均水平 3.50743 分，居全国第 9 位，落后于上海市、北京市、山东省、河南省、浙江省、四川省、广东省、天津市等 8 个省（市）。居住、收入消费、教育 3 个要素全国位次都在 10 ~ 20 位之间，具体情况为：居住指数为 37.37178 分，居全国 13 位，落后于浙江省、上海市、福建省、江苏省、重庆市、湖南省、江西省、北京市、湖北省、四川省、山东省、云南省等 12 个省（市）；收入消费指数为 20.74132 分，居全国 18 位，落后于上海市、北京市、浙江省、天津市、江苏省、广东省、福建省、山东省、辽宁省、内蒙古自治区、吉林省、重庆市、湖北省、湖南省、安徽省、陕西省、黑龙江省等 17 个省（市、自治区）；教育指数为 44.31522 分，居全国 17 位，落后于北京市、天津市、陕西省、湖北省、上海市、吉林省、山西省、广东省、山东省、福建省、海南省、河南省、湖南省、江西省、浙江省、甘肃省等 16 个省（市）。就业、社会保障、环境 3 个要素居全国位次都在 20 位之后，表现较差，具体情况为：就业指数为 9.778409 分，居全国 26 位，仅好于吉林省、湖北省、湖南省、云南省、黑龙江省等 6 个省（市）；社会保障指数为 24.57295 分，居全国 20 位，仅好于河南省、安徽省、四川省、青海省、江西省、福建省、广西壮族自治区、甘肃省、云南省、西藏自治区、贵州省等 11 个省（市、自治区）；环境指数为 47.05577 分，居全国 20 位，仅好于天津市、西藏自治区、河南省、贵州省、上海市、内蒙古自治区、山西省、甘肃省、青海省、新疆维吾尔自治区、宁夏回族自治区等 11 个省（市、自治区）。

从表 15 - 3 看，2012 年河北省民生质量收入消费、就业、社会保障、居住、教育、医疗卫生、环境 7 项评价指标中，仅医疗卫生指数高于全国平均水平，就业问题、环境、社会保障问题突出，尤其就业问题位于全国第 26 位，评价值不足全国平均值的 50%，就业不足也必将带来就业人员社会保障不足，还会影响政府环境治理的决心和力度。

（3）从三级指标看，优势少，劣势多且突出。

从表 15 - 4 看，2012 年河北省民生质量评价的 28 个基本指标中，数值高于全国平均水平的有 10 个指标，占全部指标数的 35.7%，分别为：新型农村社会养老保险试点参保覆盖率、城镇人均住宅建筑面积、房价收入比、居住类城市居民消费价格指数、教育支出占地方财政预算支出的比重、普通高校生师比、每万人医疗卫生机构床位数、医疗卫生支出占地方财政预算支出的比重、建成区绿化覆盖率、单位 GDP 废水排放量，分别居于全国第 10 位、11 位、17 位、9 位、4 位、13 位、7 位、4 位、9 位、13 位，分别比全国平均水平高 15.22907、

2.99732、6.11205、12.21198、26.15956、3.19776、21.42797、31.11768、15.67104、2.92517。

低于全国平均水平的指标有 18 个，占全部指标数的 64.3%，其中严重低于全国平均水平的指标有：城镇居民家庭人均文教娱乐服务消费支出、城镇单位就业人员平均工资、城镇登记失业率、城镇职工养老保险覆盖率、城镇失业保险覆盖率、每十万人口高等学校平均在校生数、每万人卫生技术人员数、新型农村合作医疗人均筹资、生活垃圾无害化处理率、单位 GDP 二氧化硫排放量、单位 GDP 烟（粉）尘排放量，分别居于全国第 29 位、24 位、22 位、22 位、24 位、22 位、20 位、22 位、23 位、22 位、25 位，分别比全国平均水平低 19.9352、14.803444、13.01446、14.04599、13.498508、8.12132、8.41515、7.084151、6.46824、0.24616、18.38145。

15.5　结论

综合以上河北省民生质量评价指标计算结果，可得出如下结论：

（1）河北省整体民生水平较低（综合排名第 20 位），与周边地区尤其是京津鲁地区存在较大差距。

（2）当前影响河北民生质量的突出因素依然是就业问题。

河北省城镇登记失业率居全国第 22 位，城镇单位就业人员平均工资居全国第 24 位。就业人员平均工资低必然带来城镇和农村居民消费水平低，河北省 2012 年居民消费水平、农村居民家庭人均文教娱乐消费支出分别居全国第 21 位和第 20 位，尤其是城镇居民家庭人均文教娱乐服务消费支出居全国 29 位，仅高于青海省和西藏自治区。

失业率较高，也必然引起社会保障不足的问题，河北省 2012 年城镇职工养老保险覆盖率、城镇失业保险覆盖率居全国第 22 位和第 24 位。

就业问题也带来了严重的环境污染问题。失业率较高的情况下，人们首先考虑的是就业问题和发展经济，将环境污染放在其次，也会影响政府治理环境污染的决心和力度。河北省 2012 年除了单位 GDP 废水排放量指数高于全国平均水平之外，生活垃圾无害化处理率、单位 GDP 二氧化硫排放量、单位 GDP 烟（粉）尘排放量指数均低于全国平均水平，居全国第 23、22、25 位，尤其是单位 GDP 烟（粉）尘排放量较高，这也是近年来京津冀地区"雾霾"较严重的原因之一。

因此河北省应以解决就业问题为突破口，应大力发展劳动密集型、环境污染少的产业，扩大就业，带动解决社会保障和环境治理的问题，进而提升民生质量。

（3）河北省教育和医疗卫生财政投入较大，但相对于庞大的河北人口数目，依然不足。

河北省 2012 年教育支出占地方财政预算支出的比重居于全国第 4 位，仅次于山东省、河南省、福建省，医疗卫生支出占地方财政预算支出的比重居于全国第 4 位，仅次于河南省、广西壮族自治区、安徽省，但每十万人口高等学校平均在校生数居全国 22 位，新型农村合作医疗人均筹资居全国 22 位，每万人卫生技术人员数居全国 20 位。

（4）河北省存在严重的环境污染和环境治理问题。

河北省 2012 年 6 个环境评价指标（建成区绿化覆盖率、森林覆盖率、生活垃圾无害化处理率、单位 GDP 废水排放量、单位 GDP 二氧化硫排放量、单位 GDP 烟（粉）尘排放量）中，仅 2 个指标指数高于全国平均水平，生活垃圾无害化处理率、单位 GDP 二氧化硫排放量、单位 GDP 烟（粉）尘排放量指数远低于全国平均水平，居全国第 23、22、25 位，尤其是单位 GDP 烟（粉）尘排放量较高，带来严重的粉尘污染。

参 考 文 献

[1] 范如国，张宏娟. 民生指数评价的理论模型及实证 [J]. 统计与决策，2013（6）：4～7.

[2] 李林杰. 河北省改善民生的成效、问题及建议——基于河北省民生质量指数的分析报告 [J]. 河北大学学报（哲学社会科学版），2012，37（6）：64～69.

[3] 毕明星，周巍. 如何衡量民生质量——以青岛市为例 [J]. 中国统计，2009（10）：52，53.

[4] 李林杰. 民生质量评价指标体系研究 [J]. 统计与决策，2012（17）：28～31.

[5] 段云龙，周静斌，申晓静. 基于熵权 TOPSIS 法的房地产项目后评价模型研究 [J]. 项目管理技术，2011，9（9）：40～43.

[6] 纪江明，胡伟. 中国城市公共服务满意度的熵权 TOPSIS 指数评价——基于 2012 连氏"中国城市公共服务质量调查"的实证分析 [J]. 上海交通大学学报（哲学社会科学版），2013，21（3）：41～51.

[7] 匡海波，陈树文. 基于熵权 TOPSIS 的港口综合竞争力评价模型研究与实证 [J]. 科学与科学技术管理，2007，28（10）：157～162.

[8] 杜挺，谢贤健，梁海艳，等. 基于熵权 TOPSIS 和 GIS 的重庆市县域经济综合评价及空间分析 [J]. 经济地理，2014，34（6）：40～47.

附录 A　工业技术经济技术指标数据

附表 A1　2009～2013 年全国 31 个省（市、自治区）规模以上
工业企业技术创新环境影响因素指标数据（一）

地　区	专利申请数	R&D 经费	R&D 人员全时当量	国家资本金比重	企业单位个数	企业平均产值
2009 年						
北京市	7016	1010862	43209	45.76	7205	697.03
天津市	7162	1082657	28340	29.11	7950	589.03
河北省	3190	766113	27259	25.07	12447	698.15
山西省	1798	488855	31412	39.00	4415	1323.24
内蒙古自治区	1050	291985	11752	30.85	3993	773.00
辽宁省	6402	1378167	45568	34.87	21876	422.75
吉林省	1433	267007	9470	45.08	5257	691.38
黑龙江省	1797	505877	28283	31.72	4392	748.75
上海市	15472	2005734	43815	6.85	18792	541.15
江苏省	40043	4808289	155781	6.92	65495	379.41
浙江省	46402	2757063	126273	6.15	58816	338.35
安徽省	8504	691431	32904	26.18	11392	348.49
福建省	8075	837778	41784	11.50	17212	335.82
江西省	1398	495245	17537	19.88	7367	370.94
山东省	18441	3759077	124042	11.66	42629	460.90
河南省	7551	976394	52482	24.49	18700	336.91
湖北省	7899	872514	42282	44.53	12067	469.50
湖南省	7790	811298	32465	19.65	12391	292.49
广东省	54922	4423514	197488	10.76	52574	435.43
广西壮族自治区	1322	239850	9358	17.77	5427	635.07
海南省	289	8768	554	6.67	548	707.30
重庆市	5567	465280	23174	14.72	6119	439.79
四川省	4979	681656	45137	31.10	13725	446.48
贵州省	1481	145973	6134	39.00	2676	629.45
云南省	1049	131583	8203	21.03	3320	782.05
西藏自治区	24	4536	39	33.21	88	312.50

续附表 A1

地　区	专利申请数	R&D 经费	R&D 人员全时当量	国家资本金比重	企业单位个数	企业平均产值
陕西省	2642	436433	26600	48.65	4025	968.17
甘肃省	693	172353	10035	63.95	1940	1026.03
青海省	114	25161	793	32.79	515	778.06
宁夏回族自治区	357	65694	3336	36.75	901	1283.13
新疆维吾尔自治区	928	124159	4489	35.40	1859	945.67
2010 年						
北京市	5846	1137030	41546	47.14	6890	713.85
天津市	5951	1238392	30074	17.37	8326	584.77
河北省	2827	933016	36418	18.83	13096	636.94
山西省	1776	603934	32703	31.02	4023	1249.07
内蒙古自治区	720	390612	12307	25.75	4465	706.14
辽宁省	4311	1654323	48112	27.93	23364	409.90
吉林省	1092	329615	14671	26.80	5936	546.93
黑龙江省	1603	627240	27658	22.17	4408	773.19
上海市	10378	2365150	67420	7.43	17906	513.40
江苏省	31132	5707105	222625	5.23	60817	440.11
浙江省	22859	3301031	150888	6.09	59971	354.90
安徽省	7676	907544	37649	22.39	14122	364.47
福建省	5776	1144347	46433	9.92	18154	380.09
江西省	1221	582649	19959	17.06	7539	410.27
山东省	16391	4567136	129892	19.16	45518	449.66
河南省	5904	1334943	69647	19.21	18105	382.05
湖北省	5768	1205733	50425	47.43	14027	449.53
湖南省	6652	1096144	38041	19.27	13311	324.87
广东省	43776	5523733	228907	8.95	52188	434.66
广西壮族自治区	1158	324191	12042	22.09	5678	667.42
海南省	176	22616	1046	6.50	494	698.79
重庆市	4947	564856	23279	16.16	6412	467.19
四川省	4576	817664	44370	18.08	13267	522.35
贵州省	1302	187695	7234	40.99	2791	561.34
云南省	757	151147	6790	22.04	3489	762.63
西藏自治区	1	6376	378	30.31	90	254.44

地 区	专利申请数	R&D 经费	R&D 人员全时当量	国家资本金比重	企业单位个数	企业平均产值
陕西省	2506	582497	25897	39.83	4480	966.70
甘肃省	852	189931	10239	42.77	1987	1265.83
青海省	103	41322	1551	24.07	523	1553.35
宁夏回族自治区	306	77591	3568	27.49	969	1070.69
新疆维吾尔自治区	547	140932	5023	31.31	2018	1151.34
2011 年						
北京市	13041	1061357	29225	47.10	6884	788.65
天津市	11889	1392212	28164	19.23	7947	776.12
河北省	5771	1078941	37814	17.03	13927	687.05
山西省	2848	675657	29998	28.77	4240	1409.20
内蒙古自治区	1250	474299	14363	24.29	4611	849.60
辽宁省	8363	1913437	44424	27.09	23832	438.17
吉林省	2030	355405	19411	19.62	6181	559.04
黑龙江省	2814	728451	32467	16.21	4596	878.11
上海市	19365	2377472	57346	6.77	16684	657.67
江苏省	72763	5513458	201161	5.48	64136	474.31
浙江省	52207	2723447	116965	5.53	64364	361.41
安徽省	19214	1040238	34167	18.42	16277	386.63
福建省	11272	1161171	44062	7.61	19227	434.96
江西省	2363	589366	18561	13.72	7908	458.80
山东省	27560	5269241	119921	19.36	44037	510.59
河南省	10186	1485875	67982	13.82	19548	392.80
湖北省	9893	1429050	47806	24.00	16106	507.07
湖南省	12808	1137692	35206	18.85	13844	386.43
广东省	72520	6268811	258943	8.49	53389	530.55
广西壮族自治区	2069	358915	11895	20.84	6583	688.93
海南省	386	18334	862	22.31	497	964.79
重庆市	8121	672418	21662	14.54	7130	472.76
四川省	5919	809767	34600	19.54	13706	561.78
贵州省	2034	217791	8633	30.18	2963	616.60
云南省	1728	180687	7589	16.48	3599	880.91
西藏自治区	20	1162	19	30.17	97	348.45

地　区	专利申请数	R&D 经费	R&D 人员全时当量	国家资本金比重	企业单位个数	企业平均产值
陕西省	4393	710176	27812	23.84	4564	1142.75
甘肃省	1053	208652	8673	40.91	2000	1617.35
青海省	168	60210	1842	16.65	555	1421.80
宁夏回族自治区	601	73020	2363	26.59	975	1450.97
新疆维吾尔自治区	1426	167254	5970	31.86	2465	1097.20
2012 年						
北京市	20189	1648538	49829	41.17	3746	1651.63
天津市	13173	2107772	47828	11.87	5013	1648.37
河北省	7841	1586189	51498	16.62	11570	981.98
山西省	3765	895891	32476	23.70	3675	1975.86
内蒙古自治区	1650	701635	17645	24.82	4175	1191.33
辽宁省	9958	2747063	47513	22.29	16914	716.49
吉林省	2195	488723	17884	19.96	5158	774.02
黑龙江省	3690	838042	39661	19.12	3377	1255.20
上海市	24873	3437627	79147	14.68	9962	1382.86
江苏省	84876	8998944	287447	3.65	43368	842.84
浙江省	68003	4799069	203904	5.61	34698	773.04
安徽省	26665	1628304	56275	20.13	12432	636.80
福建省	14745	1943993	75503	7.66	14116	686.70
江西省	3015	769834	23969	13.65	6481	725.00
山东省	34689	7431254	180832	18.23	35813	751.13
河南省	12503	2137236	93833	9.73	18328	524.62
湖北省	12592	2107553	71281	25.69	10633	900.09
湖南省	16204	1817773	57478	12.81	12477	479.17
广东省	87143	8994412	346260	7.18	38305	853.23
广西壮族自治区	3025	586791	20155	14.36	5046	1100.69
海南省	623	57760	1587	9.52	358	1744.69
重庆市	9784	943975	27652	11.71	4778	803.56
四川省	13443	1044666	36839	15.90	12085	784.69
贵州省	2794	275217	9564	24.89	2329	939.42
云南省	2404	299279	10335	20.30	2773	1506.74
西藏自治区	18	1637	22	35.06	56	889.29

地 区	专利申请数	R&D 经费	R&D 人员全时当量	国家资本金比重	企业单位个数	企业平均产值
陕西省	5467	966768	30829	51.06	3684	1760.18
甘肃省	1713	257916	9307	47.60	1371	2683.66
青海省	215	81965	1833	29.72	386	1986.79
宁夏回族自治区	914	118879	3967	24.63	764	2616.75
新疆维吾尔自治区	1776	223352	6723	33.65	1738	1918.70
2013 年						
北京市	19210	1973442	53510	40.83	3692	1721.24
天津市	16302	2558685	60681	19.99	5342	1600.77
河北省	9171	1980850	55979	18.48	12360	995.94
山西省	5083	1069590	31542	31.37	3905	1899.77
内蒙古自治区	2062	858477	21509	27.59	4244	1378.68
辽宁省	11628	2894569	52064	22.16	17347	762.25
吉林省	2520	604326	24365	17.40	5286	906.09
黑龙江省	4282	906170	36256	25.03	3911	1297.42
上海市	25738	3715075	82355	16.57	9772	1392.97
江苏省	93518	10803107	342262	7.39	45859	869.21
浙江省	77067	5886071	228618	7.03	36496	794.98
安徽省	32909	2089814	73356	19.18	14514	663.52
福建省	18896	2381656	90280	9.18	15333	739.38
江西省	4893	925985	23877	12.14	7217	756.69
山东省	40030	9056007	204398	17.90	37625	827.11
河南省	14400	2489651	102846	9.90	19237	600.71
湖北省	16321	2633099	77087	28.19	12441	918.06
湖南省	17424	2290877	69784	15.99	12785	560.95
广东省	96646	10778634	424563	8.81	37790	932.87
广西壮族自治区	4468	702225	20845	21.61	5239	1298.80
海南省	748	78093	2767	16.64	377	2233.16
重庆市	12221	1171045	31577	18.27	4985	872.28
四川省	15713	1422310	50533	17.23	12719	863.44
贵州省	3446	315079	12135	33.54	2752	876.56
云南省	2793	384430	12321	23.24	3211	1599.25
西藏自治区	9	5312	78	38.03	64	487.50

地 区	专利申请数	R&D 经费	R&D 人员全时当量	国家资本金比重	企业单位个数	企业平均产值
陕西省	7258	1192770	36728	50.84	4284	1748.65
甘肃省	2440	337785	11445	46.89	1735	2937.81
青海省	334	84197	2020	38.77	423	2224.82
宁夏回族自治区	1132	143696	4196	24.64	865	2659.65
新疆维吾尔自治区	2256	273425	6202	42.39	1959	1938.18

附表 A2 2009～2013 年全国 31 个省（市、自治区）规模以上工业企业技术创新环境影响因素指标数据（二）

地 区	引进与消化吸收支出比	政府资金R&D 比重	外商产成品比重	人均 GDP	高校在校生数
2009 年					
北京市	47.62	7.21	34.63	62761.15189	6750
天津市	9.40	1.89	36.59	57134.43878	4534
河北省	18.18	2.53	18.01	22910.24467	1811
山西省	19.88	2.96	7.31	21446.49663	1979
内蒙古自治区	35.83	4.01	17.45	34763.50245	1650
辽宁省	10.78	8.40	22.22	31676.89455	2621
吉林省	8.70	2.65	39.91	23504.38917	2659
黑龙江省	21.40	12.24	16.92	21736.91503	2352
上海市	2.32	2.95	52.37	65716.3475	4371
江苏省	20.59	2.52	41.22	39914.9446	2679
浙江省	70.72	2.15	30.80	41179.37452	2324
安徽省	24.36	3.27	16.49	14428.13366	1658
福建省	12.01	2.20	52.44	29741.71476	1937
江西省	9.39	7.46	16.02	15843.29545	2062
山东省	12.09	2.57	21.24	32848.33811	2071
河南省	59.60	3.48	9.51	19109.6935	1648
湖北省	64.80	4.20	22.23	19837.01628	2724
湖南省	42.74	4.68	9.60	18111.28527	1966
广东省	4.04	2.50	53.72	37194.69322	1821
广西壮族自治区	246.72	3.47	24.11	14578.48837	1352
海南省	0.53	1.36	36.07	17600.23419	1800

地　　区	引进与消化 吸收支出比	政府资金 R&D 比重	外商产成 品比重	人均 GDP	高校在校生数
重庆市	4.88	2.97	20.98	20407.39697	2192
四川省	24.68	5.75	10.26	15484.43106	1637
贵州省	133.02	7.91	4.10	9904.226919	969
云南省	11.43	4.39	9.08	12529.42989	1174
西藏自治区	0.00	8.56	0.73	13522.26027	1279
陕西省	22.40	16.57	13.40	19673.42657	2880
甘肃省	11.55	4.45	2.81	12414.03371	1687
青海省	417.42	3.31	9.21	18386.6426	1033
宁夏回族自治区	2.21	7.82	9.51	19480.90615	1610
新疆维吾尔自治区	29.57	4.41	4.85	19630.26748	1414
2010 年					
北京市	9.86	11.82	28.80	65338.87097	6410
天津市	3.56	1.92	36.34	61252.85016	4432
河北省	0.46	1.77	16.44	24503.09923	1871
山西省	0.49	3.77	5.26	21471.57864	2050
内蒙古自治区	0.69	2.22	13.92	39626.72905	1794
辽宁省	5.68	6.86	20.41	35043.74568	2659
吉林省	6.60	4.29	23.83	26564.78102	2695
黑龙江省	2.15	12.09	16.34	22443.80554	2420
上海市	2.07	3.13	53.00	68083.48416	4393
江苏省	2.12	2.82	40.00	44119.46223	2786
浙江省	2.16	2.83	27.42	43575.34117	2303
安徽省	0.72	8.44	14.09	16413.01582	1742
福建省	6.00	3.42	51.90	33378.42335	2039
江西省	1.54	7.65	17.96	17272.51805	2118
山东省	3.20	2.82	18.95	35793.717	2153
河南省	0.83	3.66	9.24	20533.84632	1774
湖北省	5.71	4.44	17.55	22659.26573	2829
湖南省	1.22	3.56	6.92	20386.65314	2040
广东省	8.15	3.20	52.94	38975.87364	1952
广西壮族自治区	0.75	5.36	26.38	15978.50082	1436
海南省	0.46	2.35	31.26	19145.94907	2001

地　区	引进与消化吸收支出比	政府资金R&D 比重	外商产成品比重	人均 GDP	高校在校生数
重庆市	6.68	5.46	20.50	22840.18888	2317
四川省	1.74	6.48	12.12	17289.28528	1732
贵州省	1.04	8.96	4.32	11062.14306	1043
云南省	7.34	6.42	6.55	13497.59352	1298
西藏自治区	0.00	9.88	6.11	14910.81081	1317
陕西省	5.01	18.07	10.36	21920.57955	3045
甘肃省	0.53	4.96	1.40	13258.55186	1806
青海省	0.87	3.41	14.86	19412.38779	1080
宁夏回族自治区	3.14	8.99	9.45	21652.96	1721
新疆维吾尔自治区	1.68	2.61	3.72	19810.32886	1430
2011 年					
北京市	27.31	7.46	30.14	71934.65851	6196
天津市	3.32	2.91	39.68	71012.00924	4412
河北省	0.70	2.63	16.33	28348.98527	1951
山西省	0.83	3.25	5.93	25743.87241	2132
内蒙古自治区	1.39	3.34	13.91	47216.82848	1884
辽宁省	1.39	6.88	22.64	42188.04571	2671
吉林省	2.05	4.24	20.15	31552.89407	2716
黑龙江省	1.55	11.74	13.45	27050.87399	2447
上海市	2.13	6.52	56.90	74537.47286	4300
江苏省	2.75	1.86	39.04	52643.89376	2819
浙江省	2.01	2.36	27.95	50894.63925	2285
安徽省	1.34	8.81	16.19	20747.57428	1841
福建省	9.71	2.90	49.35	39905.55104	2144
江西省	10.38	5.33	19.17	21181.66741	2162
山东省	1.55	2.85	18.34	40853.06633	2202
河南省	1.97	3.80	7.53	24553.28017	1839
湖北省	6.41	2.96	24.25	27876.41411	2906
湖南省	0.90	4.03	8.07	24410.89802	2051
广东省	7.16	2.79	50.63	44069.59104	2037
广西壮族自治区	0.68	4.90	27.71	20758.89371	1530
海南省	0.00	9.86	40.90	23757.19217	2036

地　区	引进与消化吸收支出比	政府资金R&D 比重	外商产成品比重	人均 GDP	高校在校生数
重庆市	6.76	6.46	16.71	27471.68111	2413
四川省	1.87	13.67	10.29	21361.69049	1790
贵州省	4.85	15.93	4.74	13228.39897	1109
云南省	5.94	6.81	7.70	15697.91395	1391
西藏自治区	0.00	0.17	4.44	16915.33333	1373
陕西省	3.22	17.32	7.47	27104.36412	3208
甘肃省	0.49	7.91	1.69	16096.67969	1882
青海省	0.87	14.94	7.11	23986.32327	1119
宁夏回族自治区	1.65	8.91	4.19	26692.73302	1868
新疆维吾尔自治区	0.20	5.56	4.24	24885.44622	1467
2012 年					
北京市	3.42	7.49	33.61	80494.94799	5613
天津市	1.54	2.73	42.64	83448.56089	4329
河北省	3.51	2.59	17.18	33856.8706	2006
山西省	0.81	3.54	5.15	31276.23156	2202
内蒙古自治区	0.95	3.69	12.58	57856.0838	1920
辽宁省	2.65	8.87	23.72	50711.15674	2712
吉林省	7.71	3.63	17.77	38446.08949	2807
黑龙江省	2.37	10.86	15.20	32816.90141	2409
上海市	2.32	5.30	59.47	81788.1977	3556
江苏省	2.84	2.18	39.12	62172.7687	2824
浙江省	1.98	2.31	30.18	59159.52773	2218
安徽省	1.66	8.54	12.93	25637.81836	2007
福建省	14.93	2.57	47.09	47204.78495	2200
江西省	4.15	6.67	16.54	26075.80214	2212
山东省	1.63	2.79	16.93	47070.50949	2191
河南省	2.08	3.20	7.54	28686.65317	1901
湖北省	2.55	4.57	20.36	34095.62348	2991
湖南省	0.81	3.93	7.25	29820.43663	2054
广东省	5.80	3.11	53.42	50652.33698	1978
广西壮族自治区	1.23	4.49	24.55	25233.30463	1688
海南省	2.01	4.15	33.16	28764.65222	2079

地　区	引进与消化吸收支出比	政府资金R&D 比重	外商产成品比重	人均 GDP	高校在校生数
重庆市	9.97	4.78	21.46	34297.25934	2522
四川省	2.30	10.03	14.31	26120.09938	1904
贵州省	0.81	9.20	4.06	16436.55232	1254
云南省	7.16	5.70	5.25	19203.45498	1520
西藏自治区	0.00	4.78	1.00	19994.38944	1446
陕西省	0.75	17.47	7.31	33428.53326	3378
甘肃省	0.42	6.49	1.45	19580.22621	2041
青海省	0.54	4.19	3.42	29409.15493	1082
宁夏回族自治区	0.71	9.34	4.45	32898.43505	1912
新疆维吾尔自治区	0.99	2.19	5.23	29923.26845	1521
2013 年					
北京市	5.60	9.04	34.58	86415.65974	5534
天津市	1.60	2.48	35.67	91251.80467	4358
河北省	4.20	2.27	16.57	36464.06422	2063
山西省	2.57	3.55	5.39	33544.25367	2351
内蒙古自治区	1.28	3.08	11.03	63777.42972	2042
辽宁省	0.85	8.44	21.96	56610.68581	2811
吉林省	3.14	3.79	14.38	43415.41818	2889
黑龙江省	3.06	20.22	12.75	35710.95462	2441
上海市	2.17	7.37	57.08	84797.14286	3481
江苏省	2.22	2.04	37.47	68255.32828	2786
浙江省	1.83	2.39	28.56	63292.55067	2288
安徽省	2.17	6.20	13.06	28744.23848	2101
福建省	11.77	2.78	43.23	52566.11526	2301
江西省	0.45	5.12	13.11	28749.73357	2295
山东省	1.73	3.26	15.70	51639.89675	2238
河南省	1.59	3.49	7.25	31468.54136	2012
湖北省	3.68	5.30	17.51	38502.24952	3078
湖南省	0.45	4.04	7.62	33369.82979	2087
广东省	7.46	3.05	50.78	53868.15178	2082
广西壮族自治区	0.43	4.76	23.67	27840.87997	1834
海南省	17.32	2.26	25.53	32193.23563	2218

地　区	引进与消化吸收支出比	政府资金R&D比重	外商产成品比重	人均GDP	高校在校生数
重庆市	6.09	4.05	18.96	38742.27504	2734
四川省	7.97	7.76	12.21	29560.17831	2037
贵州省	0.10	9.88	3.57	19667.62342	1392
云南省	1.42	5.75	6.00	22128.07469	1566
西藏自治区	0.00	10.30	1.92	22760.71429	1508
陕西省	0.77	20.37	8.40	38512.3368	3525
甘肃省	0.64	5.90	0.98	21916.98991	2145
青海省	0.77	4.85	6.05	33046.0733	1133
宁夏回族自治区	4.24	10.43	4.19	36186.86244	2107
新疆维吾尔自治区	0.35	3.38	4.44	33610.88222	1596

附表 A3　2008 ~ 2013 年全国 31 个省（市、自治区）规模以上工业企业技术创新指标数据（一）

地　区	专利申请数	R&D人员全时当量	R&D经费	R&D项目数	新产品项目数	新产品开发经费	企业个数	实收资本
2008 年								
北京市	7124	43209	1010862	10320	8312	1049977	7205	4748.03
天津市	5227	28340	1082657	6626	8567	1335080	7950	2029.66
河北省	1855	27259	766113	3813	3874	792676	12447	2548.02
山西省	1238	31412	488855	1473	1933	564881	4415	1703.42
内蒙古自治区	673	11752	291985	688	836	203699	3993	1302.06
辽宁省	3678	45568	1378167	5931	5959	1354279	21876	3546.87
吉林省	867	9470	267007	1079	2043	494772	5257	1396.17
黑龙江省	1320	28283	505877	3107	2602	468122	4392	1678.07
上海市	8288	43815	2005734	6998	8785	2038746	18792	5160.86
江苏省	21901	155781	4808289	17944	23579	6197076	65495	7313.93
浙江省	33652	126273	2757063	17177	27423	4080592	58816	5254.00
安徽省	4490	32904	691431	3243	5700	1023694	11392	1371.04
福建省	3246	41784	837778	3781	4827	1177129	17212	2388.59
江西省	756	17537	495245	2274	2329	467494	7367	876.06
山东省	14276	124042	3759077	12585	14605	3823546	42629	5064.13
河南省	5244	52482	976394	5151	6838	1110969	18700	2477.56

续附表 A3

地 区	专利申请数	R&D人员全时当量	R&D经费	R&D项目数	新产品项目数	新产品开发经费	企业个数	实收资本
湖北省	3650	42282	872514	4531	6110	1052415	12067	2655.48
湖南省	3204	32465	811298	3606	4313	1004659	12391	1312.98
广东省	38958	197488	4423514	15280	22357	5320951	52574	9110.66
广西壮族自治区	1072	9358	239850	1535	2124	365544	5427	786.00
海南省	156	554	8768	74	142	44981	548	306.57
重庆市	4490	23174	465280	3014	4043	630399	6119	797.39
四川省	3096	45137	681656	5769	7390	907911	13725	1817.41
贵州省	1049	6134	145973	825	1461	186476	2676	656.58
云南省	625	8203	131583	1072	1174	171099	3320	979.80
西藏自治区	22	39	4536	14	18	7674	88	58.38
陕西省	1756	26600	436433	3248	5141	459448	4025	1200.17
甘肃省	854	10035	172353	894	1171	179485	1940	924.67
青海省	81	793	25161	106	108	28470	515	259.74
宁夏回族自治区	266	3336	65694	644	737	81192	901	301.53
新疆维吾尔自治区	459	4489	124159	646	358	136881	1859	1287.10
2009 年								
北京市	7016	41546	1137030	7494	9100	1417379	6890	4862.78
天津市	7162	30074	1238392	7609	8537	1356563	8326	2399.98
河北省	3190	36418	933016	4445	4943	870897	13096	2813.94
山西省	1798	32703	603934	2044	2019	668441	4023	1993.61
内蒙古自治区	1050	12307	390612	898	1027	267573	4465	1607.58
辽宁省	6402	48112	1654323	7472	8760	2248810	23364	3911.88
吉林省	1433	14671	329615	1597	2128	374768	5936	1607.80
黑龙江省	1797	27658	627240	3968	3628	708150	4408	1858.99
上海市	15472	67420	2365150	9667	13559	2991877	17906	5602.55
江苏省	40043	222625	5707105	27454	31985	6919176	60817	9215.23
浙江省	46402	150888	3301031	22986	32537	4182500	59971	6423.02
安徽省	8504	37649	907544	5233	8612	1442068	14122	1603.87
福建省	8075	46433	1144347	5435	5839	1382920	18154	2884.08
江西省	1398	19959	582649	2799	2511	466584	7539	1132.06
山东省	18441	129892	4567136	18858	20838	4757571	45518	5838.63
河南省	7551	69647	1334943	6981	7961	1508454	18105	2844.03

续附表 A3

地　区	专利申请数	R&D 人员全时当量	R&D 经费	R&D 项目数	新产品项目数	新产品开发经费	企业个数	实收资本
湖北省	7899	50425	1205733	6104	8109	1612357	14027	3191.23
湖南省	7790	38041	1096144	5669	6134	1333370	13311	1441.20
广东省	54922	228907	5523733	24888	31126	6294129	52188	10327.23
广西壮族自治区	1322	12042	324191	2920	3176	443277	5678	952.28
海南省	289	1046	22616	311	281	27222	494	327.29
重庆市	5567	23279	564856	3726	4380	766572	6412	901.89
四川省	4979	44370	817664	6974	8762	1142995	13267	2224.17
贵州省	1481	7234	187695	1278	1962	258805	2791	643.82
云南省	1049	6790	151147	991	1244	261718	3489	1193.14
西藏自治区	24	378	6376	19	12	2102	90	55.45
陕西省	2642	25897	582497	3921	5972	701121	4480	1440.42
甘肃省	693	10239	189931	926	1139	163449	1987	1115.60
青海省	114	1551	41322	147	94	31629	523	294.50
宁夏回族自治区	357	3568	77591	766	819	98097	969	327.34
新疆维吾尔自治区	928	5023	140932	818	558	118664	2018	1696.79
2011 年								
北京市	13041	49829	1648538	7048	9238	2135861	3746	5682.31
天津市	11889	47828	2107772	10515	14658	1848538	5013	3088.59
河北省	5771	51498	1586189	6055	6292	1496755	11570	4094.43
山西省	2848	32476	895891	2348	2171	900093	3675	2716.65
内蒙古自治区	1250	17645	701635	1320	1314	534739	4175	2359.57
辽宁省	8363	47513	2747063	6799	7416	2866543	16914	5778.87
吉林省	2030	17884	488723	1885	2631	709348	5158	2084.33
黑龙江省	2814	39661	838042	4343	4148	745311	3377	1869.74
上海市	19365	79147	3437627	12378	15726	4476248	9962	6527.26
江苏省	72763	287447	8998944	31933	38009	11824447	43368	13607.59
浙江省	52207	203904	4799069	28672	34186	6014674	34698	8226.74
安徽省	19214	56275	1628304	8426	11174	2363512	12432	2459.02
福建省	11272	75503	1943993	6441	6721	1997710	14116	3639.88
江西省	2363	23969	769834	2608	2870	738567	6481	1629.69
山东省	27560	180832	7431254	25193	23040	6623255	35813	8183.75
河南省	10186	93833	2137236	8415	7880	2053205	18328	4367.63

续附表 A3

地 区	专利申请数	R&D 人员全时当量	R&D 经费	R&D 项目数	新产品项目数	新产品开发经费	企业个数	实收资本
湖北省	9893	71281	2107553	7077	8633	2435245	10633	4610.04
湖南省	12808	57478	1817773	6928	7525	2089970	12477	2016.42
广东省	72520	346260	8994412	29243	32879	10662949	38305	12758.08
广西壮族自治区	2069	20155	586791	2890	3468	740604	5046	1267.76
海南省	386	1587	57760	299	426	73969	358	370.27
重庆市	8121	27652	943975	4524	4612	1073308	4778	1276.27
四川省	5919	36839	1044666	6712	10035	1485843	12085	3123.76
贵州省	2034	9564	275217	1345	1749	362492	2329	1060.16
云南省	1728	10335	299279	1514	1485	390303	2773	1512.27
西藏自治区	20	22	1637	16	7	2776	56	76.24
陕西省	4393	30829	966768	4210	5035	1065457	3684	2158.77
甘肃省	1053	9307	257916	1280	1192	273986	1371	1364.51
青海省	168	1833	81965	131	94	34745	386	409.18
宁夏回族自治区	601	3967	118879	853	887	120351	764	509.25
新疆维吾尔自治区	1426	6723	223352	757	731	318627	1738	2359.90
2012 年								
北京市	20189	53510	1973442	8226	11024	2527103	3692	5931.35
天津市	13173	60681	2558685	12062	12219	2192138	5342	3556.71
河北省	7841	55979	1980850	7574	7541	1798885	12360	4683.61
山西省	3765	31542	1069590	2795	2726	1020706	3905	3047.39
内蒙古自治区	1650	21509	858477	1857	1567	529251	4244	2778.18
辽宁省	9958	52064	2894569	7710	8641	2886302	17347	6072.07
吉林省	2195	24365	604326	1990	2683	776269	5286	2059.25
黑龙江省	3690	36256	906170	4231	3384	779353	3911	2068.31
上海市	24873	82355	3715075	12833	17042	4840036	9772	6635.56
江苏省	84876	342262	10803107	44570	53973	14945123	45859	15402.11
浙江省	68003	228618	5886071	35582	41874	7145347	36496	9282.95
安徽省	26665	73356	2089814	11882	15137	2793021	14514	3120.11
福建省	14745	90280	2381656	9080	9123	2278341	15333	4090.68
江西省	3015	23877	925985	2930	3241	917019	7217	1901.88
山东省	34689	204398	9056007	30119	28171	8148492	37625	8850.93
河南省	12503	102846	2489651	9349	9106	2313506	19237	4957.69

地　区	专利申请数	R&D 人员全时当量	R&D 经费	R&D 项目数	新产品项目数	新产品开发经费	企业个数	实收资本
湖北省	12592	77087	2633099	8062	9629	2937086	12441	3715.84
湖南省	16204	69784	2290877	7563	8418	2384102	12785	2477.62
广东省	87143	424563	10778634	37460	43314	11865618	37790	13885.80
广西壮族自治区	3025	20845	702225	3526	3320	771269	5239	1585.19
海南省	623	2767	78093	478	594	101396	377	431.16
重庆市	9784	31577	1171045	5113	5693	1266058	4985	1467.96
四川省	13443	50533	1422310	9868	11656	1782262	12719	4275.31
贵州省	2794	12135	315079	1649	1978	400699	2752	1099.09
云南省	2404	12321	384430	1665	1512	396302	3211	1612.23
西藏自治区	18	78	5312	24	11	1986	64	89.82
陕西省	5467	36728	1192770	5164	6052	1285251	4284	2308.31
甘肃省	1713	11445	337785	1912	1759	350314	1735	1465.63
青海省	215	2020	84197	147	103	74374	423	482.96
宁夏回族自治区	914	4196	143696	1170	1131	142473	865	618.73
新疆维吾尔自治区	1776	6202	273425	933	826	335323	1959	2540.08
2013 年								
北京市	19210	58036	2130618	10037	13310	2931908	3701	6401.56
天津市	16302	68175	3000377	12904	11977	2459585	5383	4152.06
河北省	9171	65049	2327418	7618	7194	2025041	12649	5405.10
山西省	5083	34024	1237698	2885	2938	991958	3946	3265.29
内蒙古自治区	2062	26990	1004406	2133	1581	619217	4377	3286.67
辽宁省	11628	59090	3331303	7813	8568	3360539	17561	6664.29
吉林省	2520	23709	698136	6421	6516	740849	5353	2187.15
黑龙江省	4282	37296	950335	4307	3438	782854	4098	2135.18
上海市	25738	92136	4047800	13441	17295	5282586	9782	6882.74
江苏省	93518	393942	12395745	48530	58353	16693195	46387	26222.95
浙江省	77067	263507	6843562	42158	47778	8216556	36904	9492.98
安徽省	32909	86000	2477246	14394	17320	3244687	15114	3506.92
福建省	18896	100200	2791966	10426	10534	2656091	15806	4357.19
江西省	4893	29519	1106443	4288	4381	977849	7601	2131.40
山东省	40030	227403	10528097	31906	31100	10206343	38654	9822.58
河南省	14400	125091	2953410	11257	11150	2660106	19773	6292.63

地　区	专利申请数	R&D人员全时当量	R&D 经费	R&D项目数	新产品项目数	新产品开发经费	企业个数	实收资本
湖北省	16321	85826	3117987	9522	10722	3317175	13441	4079.88
湖南省	17424	73558	2703987	8425	9089	2959845	13323	2951.89
广东省	96646	426330	12374791	40759	47387	14065712	38094	14411.66
广西壮族自治区	4468	20700	817063	2890	3332	849395	5396	1825.90
海南省	748	2882	93567	769	704	114916	391	426.06
重庆市	12221	36605	1388199	5794	6820	1438649	5237	1699.99
四川省	15713	58148	1688902	10298	12681	2135771	13163	4245.84
贵州省	3446	16049	342541	1717	1908	403004	3139	1210.70
云南省	2793	11811	454278	1729	1903	496845	3382	1772.95
西藏自治区	9	81	4617	20	8	1177	70	92.14
陕西省	7258	45809	1401480	6099	6491	1799803	4489	3733.57
甘肃省	2440	12472	400743	1731	1629	403460	1830	1705.57
青海省	334	2039	89540	145	111	87949	465	520.16
宁夏回族自治区	1132	4817	167494	1073	966	149924	935	681.29
新疆维吾尔自治区	2256	6668	314257	1078	1103	394450	2102	3119.83

附表 A4　2008～2013 年全国 31 个省（市、自治区）

规模以上工业企业技术创新指标数据（二）

地　区	国家资本金比例	外商资本金比例	技术市场成交额	人均 GDP	专业技术人员数	高校数量	高校在校生平均数	教育经费
2008 年								
北京市	52.16	13.20	1027.22	62761.15	338690	85	6750	3374329
天津市	24.02	36.22	86.61	57134.44	247307	55	4534	1428992
河北省	30.95	12.76	16.59	22910.24	1004491	105	1811	3554401
山西省	33.39	4.18	12.84	21446.50	675520	69	1979	2198470
内蒙古自治区	31.81	5.04	9.44	34763.50	470959	39	1650	1480999
辽宁省	30.71	18.28	99.73	31676.89	733177	104	2621	3282283
吉林省	28.75	10.33	19.61	23504.39	549781	55	2659	1724213
黑龙江省	27.37	4.42	41.26	21736.92	659834	78	2352	2230540
上海市	11.09	48.89	386.17	65716.35	331827	66	4371	3707275
江苏省	6.69	47.73	94.02	39914.94	997427	146	2679	6845888
浙江省	5.73	27.96	58.92	41179.37	681522	98	2324	6315051

地 区	国家资本金比例	外商资本金比例	技术市场成交额	人均 GDP	专业技术人员数	高校数量	高校在校生平均数	教育经费
安徽省	34.46	15.81	32.49	14428.13	708707	104	1658	2775700
福建省	12.10	48.43	17.97	29741.71	513586	81	1937	2771266
江西省	26.17	14.18	7.76	15843.30	613347	82	2062	2213618
山东省	17.26	18.57	66.01	32848.34	1494089	125	2071	5471049
河南省	30.69	6.51	25.44	19109.69	1252962	94	1648	4179475
湖北省	50.32	11.43	62.90	19837.02	817456	118	2724	2904962
湖南省	34.75	8.96	47.70	18111.29	908213	115	1966	3338525
广东省	12.29	52.93	201.63	37194.69	1212040	125	1821	8654359
广西壮族自治区	31.95	14.11	2.70	14578.49	731406	68	1352	2134365
海南省	28.45	14.01	3.56	17600.23	122935	16	1800	558645
重庆市	17.92	12.66	62.19	20407.40	371332	47	2192	1681572
四川省	30.96	7.63	43.53	15484.43	996897	90	1637	3654194
贵州省	33.08	3.18	2.04	9904.23	521801	45	969	1549737
云南省	40.62	5.37	5.05	12529.43	650316	59	1174	2311083
西藏自治区	73.90	3.25		13522.26	39433	6	1279	276921
陕西省	32.67	6.18	43.83	19673.43	612716	88	2880	2288723
甘肃省	45.71	1.36	29.76	12414.03	423000	39	1687	1321480
青海省	32.37	2.92	7.70	18386.64	101162	9	1033	373988
宁夏回族自治区	36.10	5.10	0.89	19480.91	121378	15	1610	398718
新疆维吾尔自治区	49.51	3.06	7.40	19630.27	412214	37	1414	1532703
2009 年								
北京市	50.88	14.93	1236.25	65338.87	340120	86	6410	4077284
天津市	24.37	36.34	105.46	61252.85	247584	55	4432	1657108
河北省	28.71	13.26	17.21	24503.10	1004636	109	1871	4403700
山西省	31.86	4.90	16.21	21471.58	687679	71	2050	2649876
内蒙古自治区	32.51	6.56	14.77	39626.73	486148	41	1794	2019987
辽宁省	28.08	17.65	119.71	35043.75	715461	107	2659	4122455
吉林省	29.19	11.76	19.76	26564.78	558105	55	2695	2133095
黑龙江省	36.02	7.14	48.86	22443.81	678135	78	2420	2736590
上海市	9.42	50.97	435.41	68083.48	337699	66	4393	4318320
江苏省	5.29	50.46	108.22	44119.46	998178	148	2786	8513327
浙江省	4.27	28.78	56.46	43575.34	688800	99	2303	7058575

地 区	国家资本金比例	外商资本金比例	技术市场成交额	人均 GDP	专业技术人员数	高校数量	高校在校生平均数	教育经费
安徽省	26.02	16.99	35.62	16413.02	711492	106	1742	3451326
福建省	10.51	48.55	23.26	33378.42	519534	84	2039	3322233
江西省	23.65	20.46	9.79	17272.52	618036	85	2118	2850048
山东省	15.00	19.28	71.94	35793.72	1494182	126	2153	6802414
河南省	20.42	7.06	26.30	20533.85	1263425	99	1774	5493997
湖北省	45.63	10.31	77.03	22659.27	804191	120	2829	3689008
湖南省	27.05	8.20	44.04	20386.65	905426	115	2040	4196365
广东省	12.23	54.03	170.98	38975.87	1234792	125	1952	10734751
广西壮族自治区	30.39	14.08	1.77	15978.50	745589	68	1436	2758915
海南省	20.05	17.14	0.56	19145.95	124419	17	2001	757981
重庆市	16.29	10.88	38.32	22840.19	373697	50	2317	2309734
四川省	18.25	7.90	54.60	17289.29	999505	92	1732	5009787
贵州省	36.98	3.93	1.78	11062.14	525180	47	1043	2070113
云南省	29.09	5.54	10.25	13497.59	659890	61	1298	2757505
西藏自治区	10.84	5.48		14910.81	42402	6	1317	420562
陕西省	27.48	6.08	69.81	21920.58	619805	89	3045	2855270
甘肃省	43.56	1.93	35.63	13258.55	433827	39	1806	1672565
青海省	33.16	4.47	8.50	19412.39	102388	9	1080	458238
宁夏回族自治区	45.19	5.47	0.90	21652.96	117468	15	1721	636974
新疆维吾尔自治区	50.53	3.26	1.21	19810.33	411099	37	1430	1916673
2011 年								
北京市	47.14	14.36	1890.28	80494.95	352533	87	5613	5289432
天津市	17.37	35.03	169.38	83448.56	250599	55	4329	2381672
河北省	18.83	13.06	26.25	33856.87	1039693	112	2006	6145261
山西省	31.02	5.78	22.48	31276.23	728478	74	2202	3809096
内蒙古自治区	25.75	6.06	22.67	57856.08	493000	47	1920	3187733
辽宁省	27.93	17.22	159.66	50711.16	607800	112	2712	5349184
吉林省	26.80	10.18	26.26	38446.09	552889	57	2807	3006988
黑龙江省	22.17	9.95	62.07	32816.90	688326	78	2409	3486163
上海市	7.43	48.99	480.75	81788.20	363787	66	3556	4937339
江苏省	5.23	48.39	333.43	62172.77	1038973	151	2824	11054890
浙江省	6.09	28.21	71.90	59159.53	733099	102	2218	8911507

地 区	国家资本金比例	外商资本金比例	技术市场成交额	人均 GDP	专业技术人员数	高校数量	高校在校生平均数	教育经费
安徽省	22.39	14.45	65.03	25637.82	746743	115	2007	4873316
福建省	9.92	45.35	34.57	47204.78	543331	85	2200	4479126
江西省	17.06	18.26	34.19	26075.80	634501	86	2212	3776516
山东省	19.16	17.42	126.38	47070.51	1567276	138	2191	8397429
河南省	19.21	5.52	38.76	28686.65	1273668	117	1901	7633496
湖北省	47.43	10.18	125.69	34095.62	794661	122	2991	5194495
湖南省	19.27	7.47	35.39	29820.44	893594	120	2054	5660684
广东省	8.95	51.44	275.06	50652.34	1300813	134	1978	12843085
广西壮族自治区	22.09	14.81	5.64	25233.30	754256	70	1688	3873253
海南省	6.50	14.40	3.46	28764.65	126203	17	2079	1175474
重庆市	16.16	14.14	68.15	34297.26	384339	59	2522	3309977
四川省	18.08	8.58	67.83	26120.10	1012281	93	1904	8088479
贵州省	40.99	3.60	13.65	16436.55	535297	48	1254	3094113
云南省	22.04	5.99	11.71	19203.45	688529	64	1520	4408081
西藏自治区	30.31	2.83		19994.39	49430	6	1446	597448
陕西省	39.83	5.16	215.37	33428.53	647370	90	3378	4637457
甘肃省	42.77	1.95	52.64	19580.23	459603	42	2041	2761110
青海省	24.07	2.61	16.84	29409.15	104505	9	1082	785820
宁夏回族自治区	27.49	3.46	3.94	32898.44	111153	16	1912	813071
新疆维吾尔自治区	31.31	1.33	4.38	29923.27	411628	37	1521	2959264
2012 年								
北京市	47.10	13.86	2458.50	86415.66	341509	89	5534	6134448
天津市	19.23	34.80	232.33	91251.80	239596	55	4358	2920970
河北省	17.03	12.44	37.82	36464.06	1015463	113	2063	7192734
山西省	28.77	5.58	30.61	33544.25	733186	75	2351	4508195
内蒙古自治区	24.29	5.95	106.10	63777.43	482413	48	2042	4143731
辽宁省	27.09	17.62	230.66	56610.69	636743	112	2811	6242615
吉林省	19.62	11.99	25.12	43415.42	533203	57	2889	3445611
黑龙江省	16.21	9.12	100.45	35710.95	676844	79	2441	4048565
上海市	6.77	49.07	518.75	84797.14	356378	67	3481	5582736
江苏省	5.48	46.89	400.91	68255.33	998877	153	2786	13146233
浙江省	5.53	27.62	81.31	63292.55	722367	102	2288	10625688

地 区	国家资本金比例	外商资本金比例	技术市场成交额	人均 GDP	专业技术人员数	高校数量	高校在校生平均数	教育经费
安徽省	18.42	11.84	86.16	28744.24	735751	118	2101	5990868
福建省	7.61	42.35	50.09	52566.12	535242	86	2301	5341118
江西省	13.72	18.00	39.78	28749.73	625484	88	2295	4494597
山东省	19.36	17.73	140.02	51639.90	1527315	136	2238	10395900
河南省	13.82	5.51	39.94	31468.54	1024314	120	2012	9111164
湖北省	24.00	12.82	196.39	38502.25	765798	122	3078	5869164
湖南省	18.85	6.26	42.24	33369.83	847965	121	2087	6497608
广东省	8.49	48.91	364.94	53868.15	1249395	137	2082	15327348
广西壮族自治区	20.84	14.38	2.52	27840.88	733726	70	1834	4941416
海南省	22.31	19.86	0.57	32193.24	127236	17	2218	1422673
重庆市	14.54	12.68	54.02	38742.28	382770	60	2734	4068437
四川省	19.54	7.00	111.24	29560.18	991047	99	2037	8951781
贵州省	30.18	3.79	9.67	19667.62	518088	49	1392	3669550
云南省	16.48	5.24	45.48	22128.07	697176	66	1566	5336317
西藏自治区	30.17	2.57		22760.71	50124	6	1508	662293
陕西省	23.84	5.22	334.82	38512.34	640644	91	3525	5143635
甘肃省	40.91	2.59	73.06	21916.99	465321	42	2145	3106736
青海省	16.65	3.82	19.30	33046.07	106063	9	1133	1062206
宁夏回族自治区	26.59	3.26	2.91	36186.86	108376	16	2107	994671
新疆维吾尔自治区	31.86	1.43	5.39	33610.88	407651	39	1596	3655998
2013 年								
北京市	41.17	13.40	2851.72	92201.23	364568	89	5469	7373843
天津市	11.87	32.07	276.16	97623.37	254234	55	4346	4136097
河北省	16.62	11.16	31.56	38594.59	1031070	118	2108	8447882
山西省	23.70	5.39	52.77	34716.91	738002	78	2474	5494903
内蒙古自治区	24.82	4.12	38.74	67383.43	495875	49	2137	5040005
辽宁省	22.29	16.61	173.38	61680.30	672184	115	2903	7809413
吉林省	19.96	10.49	34.72	47188.15	535262	58	3033	4293877
黑龙江省	19.12	8.85	101.77	37504.38	663207	80	2529	4838173
上海市	14.68	48.40	531.68	89449.77	377379	68	3421	7106255
江苏省	3.65	26.95	527.50	74520.41	1042342	156	2814	15882132
浙江省	5.61	27.06	81.50	68331.19	761857	102	2363	12069078

地 区	国家资本金比例	外商资本金比例	技术市场成交额	人均 GDP	专业技术人员数	高校数量	高校在校生平均数	教育经费
安徽省	20.13	10.44	130.83	31573.58	750273	117	2203	8172010
福建省	7.66	39.85	44.69	57656.70	557730	87	2435	6344839
江西省	13.65	18.68	43.06	31708.31	641455	92	2381	6307866
山东省	18.23	15.22	179.40	56184.45	1582861	139	2304	13727939
河南省	9.73	5.17	40.24	34161.12	1187042	127	2114	11821418
湖北省	25.69	12.19	397.62	42539.21	760818	123	3144	6844038
湖南省	12.81	5.19	77.21	36618.85	890040	122	2106	7987607
广东省	7.18	45.68	529.39	58402.83	1304048	138	2199	18846365
广西壮族自治区	14.36	15.12	7.34	30468.32	752309	70	1939	5938482
海南省	9.52	34.19	3.87	35155.98	128446	17	2253	1732237
重庆市	11.71	14.56	90.28	42615.12	391349	63	2894	5039550
四川省	15.90	6.98	148.58	32392.71	1016124	103	2140	10244130
贵州省	24.89	4.15	18.40	22863.48	533075	52	1535	4510531
云南省	20.30	5.24	42.00	25007.28	739324	67	1662	6582935
西藏自治区	35.06	3.51		25886.86	52873	6	1528	826102
陕西省	51.06	3.40	533.28	42628.08	651633	92	3612	6838342
甘肃省	47.60	1.82	99.99	24275.79	482569	42	2193	3608174
青海省	29.72	3.79	26.89	36350.35	109641	9	1162	1552462
宁夏回族自治区	24.63	3.06	1.43	39221.10	111942	16	2195	1313862
新疆维吾尔自治区	33.65	1.21	3.00	36926.86	421372	41	1681	4605867

附表 A5 2012 年全国 31 个省（市、自治区）工业企业技术创新能力指标数据（一）

地 区	R&D 人员全时当量	R&D 经费	R&D 项目数	新产品项目数	新产品开发经费	新产品销售收入	新产品出口销售收入
北京市	53510	1973442	8226	11024	2527103	33176311	5572510
天津市	60681	2558685	12062	12219	2192138	44601011	9317561
河北省	55979	1980850	7574	7541	1798885	24576633	2926320
山西省	31542	1069590	2795	2726	1020706	9283912	1527286
内蒙古自治区	21509	858477	1857	1567	529251	5814946	390862
辽宁省	52064	2894569	7710	8641	2886302	31936021	2257009
吉林省	24365	604326	1990	2683	776269	21577965	645790
黑龙江省	36256	906170	4231	3384	779353	5655068	541409

地　区	R&D 人员全时当量	R&D 经费	R&D 项目数	新产品项目数	新产品开发经费	新产品销售收入	新产品出口销售收入
上海市	82355	3715075	12833	17042	4840036	73999056	10544016
江苏省	342262	10803107	44570	53973	14945123	178454188	52727755
浙江省	228618	5886071	35582	41874	7145347	112839734	26744960
安徽省	73356	2089814	11882	15137	2793021	37318538	3137902
福建省	90280	2381656	9080	9123	2278341	32911524	10694396
江西省	23877	925985	2930	3241	917019	12871344	1748554
山东省	204398	9056007	30119	28171	8148492	129131803	18640354
河南省	102846	2489651	9349	9106	2313506	25762027	2113763
湖北省	77087	2633099	8062	9629	2937086	36984125	2368469
湖南省	69784	2290877	7563	8418	2384102	47689791	1626895
广东省	424563	10778634	37460	43314	11865618	154028478	59795805
广西壮族自治区	20845	702225	3526	3320	771269	12369278	450139
海南省	2767	78093	478	594	101396	1344677	193498
重庆市	31577	1171045	5113	5693	1266058	24299198	1561072
四川省	50533	1422310	9868	11656	1782262	20959773	1504602
贵州省	12135	315079	1649	1978	400699	3832764	354056
云南省	12321	384430	1665	1512	396302	4468160	262095
西藏自治区	78	5312	24	11	1986	21004	260
陕西省	36728	1192770	5164	6052	1285251	8715851	396375
甘肃省	11445	337785	1912	1759	350314	5954233	414223
青海省	2020	84197	147	103	74374	103773	33
宁夏回族自治区	4196	143696	1170	1131	142473	1856287	406269
新疆维吾尔自治区	6202	273425	933	826	335323	2760241	77284

附表 A6　2012 年全国 31 个省（市、自治区）工业企业技术创新能力指标数据（二）

地　区	专利申请数	专业技术人员数	技术市场成交额	人均GDP	外商投资资本	高校数	高校在校生数	教育经费
北京市	20189	364568	2458.50	87475	1242.94	89	5534	7373843
天津市	13173	254234	232.33	93173	1944.51	55	4358	4136097
河北省	7841	1031070	37.82	36584	881.21	113	2063	8447882
山西省	3765	738002	30.61	33628	328.68	75	2351	5494903
内蒙古自治区	1650	495875	106.1	63886	297.30	48	2042	5040005

地　区	专利申请数	专业技术人员数	技术市场成交额	人均GDP	外商投资资本	高校数	高校在校生数	教育经费
辽宁省	9958	672184	230.66	56649	1675.04	112	2811	7809413
吉林省	2195	535262	25.12	43415	358.69	57	2889	4293877
黑龙江省	3690	663207	100.45	35711	284.67	79	2441	4838173
上海市	24873	377379	518.75	85373	42.36	67	3481	7106255
江苏省	84876	1042342	400.91	68347	8724.44	153	2786	15882132
浙江省	68003	761857	81.31	63374	3534.53	102	2288	12069078
安徽省	26665	750273	86.16	28792	520.45	118	2101	8172010
福建省	14745	557730	50.09	52763	2248.19	86	2301	6344839
江西省	3015	641455	39.78	28800	570.96	88	2295	6307866
山东省	34689	1582861	140.02	51768	2135.25	136	2238	13727939
河南省	12503	1187042	39.94	31499	460.68	120	2012	11821418
湖北省	12592	760818	196.39	38572	859.54	122	3078	6844038
湖南省	16204	890040	42.24	33480	280.28	121	2087	7987607
广东省	87143	1304048	364.94	54095	8366.99	137	2082	18846365
广西壮族自治区	3025	752309	2.52	27952	388.61	70	1834	5938482
海南省	623	128446	0.57	32377	192.16	17	2218	1732237
重庆市	9784	391349	54.02	38914	385.62	60	2734	5039550
四川省	13443	1016124	111.24	29608	451.33	99	2037	10244130
贵州省	2794	533075	9.67	19710	68.16	49	1392	4510531
云南省	2404	739324	45.48	22195	179.31	66	1566	6582935
西藏自治区	18	52873	0	22936	4.58	6	1508	826102
陕西省	5467	651633	334.82	38564	230.37	91	3525	6838342
甘肃省	1713	482569	73.06	21978	71.21	42	2145	3608174
青海省	215	109641	19.3	33181	28.59	9	1133	1552462
宁夏回族自治区	914	111942	2.91	36394	71.19	16	2107	1313862
新疆维吾尔自治区	1776	421372	5.39	33796	51.21	39	1596	4605867

附录 B 农业技术经济技术指标数据

附表 B1 2012 年河北省各地区行业收入数据

行 业	石家庄	廊坊	衡水	唐山	秦皇岛
农业	3847086	1597010	2266039	4221372	914944
林业	109232	53093	93460	298603	48128
牧业	1034161	457636	435540	1054431	441196
渔业	25455	26803	12109	368134	119864
工业	15388308	18364778	9601633	18748871	2809120
建筑业	1211914	972486	725499	1219187	631140
运输业	1600655	945284	640768	1307516	474535
商饮业	1692205	1319244	1321783	2594847	664174
服务业	520033	613026	473069	577255	232836
其他	347775	350710	335434	910079	270673
行 业	邯郸	邢台	保定	张家口	承德	沧州
农业	3883584	2561053	2739688	720065	746321	3409064
林业	170458	86313	109898	55259	124448	117768
牧业	687028	584240	909699	474113	220964	476090
渔业	34160	2559	23642	5154	11026	72256
工业	13906752	10396537	10395412	996300	831878	10998066
建筑业	1241443	722748	1747799	366339	147102	1813382
运输业	1954545	726721	1050691	738709	195751	1219019
商饮业	1617080	1124775	1579485	766989	414969	1698402
服务业	1110352	367394	549342	483406	68004	520446
其他	588918	365626	214442	463482	164569	654376

附表 B2 2012 年河北省各地区经营形式收入数据

指 标	石家庄	廊坊	衡水	唐山	秦皇岛
乡（镇）办企业经营	226384.3	357425.2	4343281.9	7506323.427	381818.2
村组集体经营	833312.3	412297.9	395528.82	1178424.767	258620.5
农民家庭经营	16059439	22664414	9135674.2	16384661.86	5061940
农民专业合作社经营	963232.1	72128.14	312086.5	308286.5137	52570.36
其他经营	7694455	1193804	1718762.1	5922600.769	851659.7
指 标	邯郸	邢台	保定	张家口	承德	沧州
乡（镇）办企业经营	413927.9	2060022	2379160	106777.1	79812.85	1801844
村组集体经营	1818557	471364.9	839248.4	61136.35	64978.36	583455.2
农民家庭经营	18245242	11612669	12297195	3974768	1772254	16278567
农民专业合作社经营	107964.6	136255.5	243354.9	172276.8	44748.05	247854.8
其他经营	4608630	2657654	3561140	754857	963239.4	2067148

附表 B3　2012 年河北省各地区农民收入行业来源数据

行业	石家庄	廊坊	衡水	唐山	秦皇岛	邯郸	邢台	保定	张家口	承德	沧州
人均所得	7508	8000	5686	8459	6514	7299	5439	5426	5380	4199	5721
农业	5816	5001	7001	7807	4431	5147	4202	2987	2090	2521	5956
林业	165	166	289	552	233	226	142	120	160	420	206
牧业	1563	1433	1346	1950	2137	911	959	992	1376	747	832
渔业	38	84	37	681	580	45	4	26	15	37	126
工业	23264	57512	29663	34675	13603	18430	17057	11335	2891	2811	19215
建筑业	1832	3045	2241	2255	3056	1645	1186	1906	1063	497	3168
运输业	2420	2960	1980	2418	2298	2590	1192	1146	2144	661	2130
商饮业	2558	4131	4083	4799	3216	2143	1845	1722	2226	1402	2967
服务业	786	1920	1461	1068	1128	1472	603	599	1403	230	909
其他	526	1098	1036	1683	1311	780	600	234	1345	556	1143

附表 B4　2012 年河北省各地区农民收入经营形式来源数据

指　标	石家庄	廊坊	衡水	唐山	秦皇岛	邯郸	邢台	保定	张家口	承德	沧州
人均所得	7508	8000	5686	8459	6514	7299	5439	5426	5380	4199	5721
乡（镇）办企业经营	342	1119	13418	13883	1849	549	3380	2594	310	270	3148
村组集体经营	1260	1291	1222	2179	1252	2410	773	915	177	220	1019
农民家庭经营	24278	70977	28223	30303	24513	24180	19052	13409	11534	5988	28441
农民专业合作社经营	1456	226	964	570	255	143	224	265	500	151	433
其他经营	11632	3739	5310	10954	4124	6108	4360	3883	2191	3254	3612

附表 B5　2007～2012 年全国 31 省（市、自治区）农业机械化影响因素指标数据（一）

地　区	亩均农业机械总动力	农村居民家庭人均纯收入	农村居民家庭经营耕地面积	农村居民家庭经营山地面积	小麦播种面积占粮食作物播种面积比重
2007 年					
北京市	6.79	9439.60	0.54	0.05	14.02
天津市	9.29	7010.10	1.20	0.01	24.16
河北省	7.04	4293.40	1.93	0.10	27.88
山西省	4.45	3665.70	2.32		19.50
内蒙古自治区	2.18	3953.10	8.57	0.32	7.89
辽宁省	3.49	4773.40	3.32	0.21	0.34
吉林省	2.26	4191.30	6.84		0.11

地　区	亩均农业机械总动力	农村居民家庭人均纯收入	农村居民家庭经营耕地面积	农村居民家庭经营山地面积	小麦播种面积占粮食作物播种面积比重
黑龙江省	1.56	4132.30	11.18	0.03	1.96
上海市	1.67	10144.60	0.30		9.60
江苏省	3.05	6561.00	1.09	0.01	27.53
浙江省	6.31	8265.20	0.64	0.44	2.00
安徽省	3.41	3556.30	1.73	0.30	26.32
福建省	3.23	5467.10	0.80	1.25	0.20
江西省	3.19	4044.70	1.52	0.98	0.21
山东省	6.17	4985.30	1.52	0.04	32.81
河南省	4.13	3851.60	1.63	0.04	37.01
湖北省	2.42	3997.50	1.60	0.61	15.59
湖南省	3.32	3904.20	1.19	0.56	0.18
广东省	2.82	5624.00	0.67	0.26	0.02
广西壮族自治区	2.53	3224.10	1.32	0.59	0.07
海南省	2.90	3791.40	0.97	0.80	0.00
重庆市	1.83	3509.30	1.01	0.31	6.37
四川省	1.81	3546.70	1.03	0.27	14.19
贵州省	2.11	2374.00	1.07	0.26	5.44
云南省	2.14	2634.10	1.45	0.61	7.36
西藏自治区	9.43	2788.20	2.02		17.30
陕西省	2.60	2644.70	1.92	0.28	28.30
甘肃省	2.80	2328.90	2.57	0.66	26.13
青海省	4.50	2683.80	2.09	0.21	29.81
宁夏回族自治区	3.53	3180.80	4.49	0.14	19.64
新疆维吾尔自治区	2.02	3183.00	4.33	0.03	14.41
2008 年					
北京市	5.53	10661.90	0.57	0.05	19.84
天津市	8.91	7910.80	1.31	0.01	24.13
河北省	7.29	4795.50	1.94	0.11	27.73
山西省	4.49	4097.20	2.39	0.00	18.71

地　区	亩均农业机械总动力	农村居民家庭人均纯收入	农村居民家庭经营耕地面积	农村居民家庭经营山地面积	小麦播种面积占粮食作物播种面积比重
内蒙古自治区	2.70	4656.20	8.67	0.36	6.59
辽宁省	3.66	5576.50	3.34	0.19	0.28
吉林省	2.40	4932.70	7.07	0.01	0.11
黑龙江省	1.66	4855.60	11.16	0.03	1.98
上海市	1.64	11440.30	0.27		11.38
江苏省	3.22	7356.50	1.14	0.01	27.60
浙江省	6.29	9257.90	0.64	0.42	2.19
安徽省	3.57	4202.50	1.76	0.31	26.14
福建省	3.34	6196.10	0.81	1.24	0.20
江西省	3.68	4697.20	1.56	0.96	0.19
山东省	6.41	5641.40	1.51	0.05	32.75
河南省	4.44	4454.20	1.65	0.03	37.18
湖北省	2.55	4656.40	1.59	0.62	13.71
湖南省	3.55	4512.50	1.20	0.53	0.18
广东省	3.17	6399.80	0.66	0.28	0.02
广西壮族自治区	2.78	3690.30	1.37	0.57	0.06
海南省	3.07	4390.00	1.05	0.86	0.00
重庆市	1.87	4126.20	1.02	0.32	5.88
四川省	1.90	4121.20	1.03	0.27	13.63
贵州省	2.22	2796.90	1.09	0.26	5.68
云南省	2.22	3102.60	1.43	0.71	7.02
西藏自治区	9.88	3175.80	2.02		15.83
陕西省	2.74	3136.50	1.92	0.35	27.37
甘肃省	2.91	2723.80	2.58	0.71	23.36
青海省	4.62	3061.20	2.29	0.21	20.33
宁夏回族自治区	3.63	3681.40	4.53	0.14	16.89
新疆维吾尔自治区	2.04	3502.90	4.56	0.07	16.40
2009 年					
北京市	5.65	11668.60	0.54	0.04	18.92
天津市	8.71	8687.60	1.54	0.01	24.21
河北省	7.57	5149.70	1.98	0.12	27.58

续附表 B5

地 区	亩均农业机械总动力	农村居民家庭人均纯收入	农村居民家庭经营耕地面积	农村居民家庭经营山地面积	小麦播种面积占粮食作物播种面积比重
山西省	4.79	4244.10	2.40	0.03	19.70
内蒙古自治区	2.78	4937.80	9.75	0.22	7.62
辽宁省	3.65	5958.00	3.50	0.24	0.22
吉林省	2.63	5265.90	7.63	0.11	0.08
黑龙江省	1.87	5206.80	11.73	0.01	2.42
上海市	1.67	12482.90	0.29		14.55
江苏省	3.36	8003.50	1.12	0.01	27.49
浙江省	6.35	10007.30	0.60	0.40	2.41
安徽省	3.77	4504.30	1.81	0.33	26.06
福建省	3.47	6680.20	0.88	1.23	0.17
江西省	4.17	5075.00	1.58	1.03	0.18
山东省	6.85	6118.30	1.55	0.05	32.89
河南省	4.62	4807.00	1.66	0.02	37.11
湖北省	2.71	5035.30	1.63	0.67	13.20
湖南省	3.62	4909.00	1.23	0.53	0.35
广东省	3.26	6906.90	0.67	0.29	0.02
广西壮族自治区	2.92	3980.40	1.43	0.61	0.07
海南省	3.18	4744.40	1.22	0.85	0.00
重庆市	1.95	4478.40	1.06	0.32	5.08
四川省	2.08	4462.10	1.02	0.28	13.48
贵州省	2.24	3005.40	1.11	0.35	5.50
云南省	2.27	3369.30	1.49	0.82	6.82
西藏自治区	10.17	3531.70	2.02		15.64
陕西省	2.94	3437.60	1.94	0.31	27.59
甘肃省	3.09	2980.10	2.62	0.74	24.47
青海省	5.04	3346.20	2.16	0.21	20.26
宁夏回族自治区	3.82	4048.30	4.35		17.81
新疆维吾尔自治区	2.15	3883.10	4.60	0.03	24.74
2010 年					
北京市	5.80	13262.30	0.53	0.06	19.41
天津市	8.53	10074.90	1.49	0.01	24.06

续附表 B5

地　区	亩均农业机械总动力	农村居民家庭人均纯收入	农村居民家庭经营耕地面积	农村居民家庭经营山地面积	小麦播种面积占粮食作物播种面积比重
河北省	7.76	5958.00	1.98	0.12	27.76
山西省	4.98	4736.30	2.43	0.03	19.35
内蒙古自治区	2.89	5529.60	9.65	0.23	8.09
辽宁省	3.68	6907.90	3.50	0.20	0.18
吉林省	2.74	6237.40	7.75	0.14	0.07
黑龙江省	2.05	6210.70	11.68	0.01	2.30
上海市	1.73	13978.00	0.28		12.31
江苏省	3.44	9118.20	1.12	0.01	27.47
浙江省	6.51	11302.60	0.60	0.43	2.66
安徽省	3.98	5285.20	1.87	0.34	26.13
福建省	3.54	7426.90	0.88	1.24	0.16
江西省	4.65	5788.60	1.61	1.05	0.19
山东省	7.17	6990.30	1.56	0.04	32.92
河南省	4.77	5523.70	1.68	0.02	37.06
湖北省	2.81	5832.30	1.69	0.67	12.51
湖南省	3.77	5622.00	1.25	0.53	0.48
广东省	3.46	7890.30	0.65	0.31	0.02
广西壮族自治区	3.13	4543.40	1.43	0.64	0.07
海南省	3.40	5275.40	1.28	0.82	0.00
重庆市	2.13	5276.70	1.19	0.34	4.48
四川省	2.22	5086.90	1.08	0.26	13.35
贵州省	2.36	3471.90	1.10	0.32	5.33
云南省	2.50	3952.00	1.50	0.84	6.66
西藏自治区	10.49	4138.70	2.02		15.43
陕西省	3.19	4105.00	1.94	0.31	27.45
甘肃省	3.30	3424.70	2.68	0.78	22.02
青海省	5.14	3862.70	2.09	0.24	18.46
宁夏回族自治区	3.90	4674.90	4.75	0.14	16.94
新疆维吾尔自治区	2.30	4642.70	4.76	0.09	23.54
2011 年					
北京市	5.84	14735.70	0.48	0.13	19.21

地　区	亩均农业机械总动力	农村居民家庭人均纯收入	农村居民家庭经营耕地面积	农村居民家庭经营山地面积	小麦播种面积占粮食作物播种面积比重
天津市	8.32	12321.20	1.41	0.01	23.99
河北省	7.86	7119.70	1.87	0.09	27.31
山西省	5.14	5601.40	2.60	0.16	18.70
内蒙古自治区	2.97	6641.60	10.72	0.39	7.99
辽宁省	3.86	8296.50	3.73	0.38	0.17
吉林省	3.01	7510.00	8.34	0.05	0.06
黑龙江省	2.24	7590.70	12.85		2.44
上海市	1.76	16053.80	0.26		14.93
江苏省	3.57	10805.00	1.22	0.01	27.57
浙江省	6.66	13070.70	0.53	1.13	2.95
安徽省	4.18	6232.20	1.87	0.28	26.41
福建省	3.65	8778.60	0.71	0.92	0.12
江西省	5.10	6891.60	1.52	1.23	0.20
山东省	7.42	8342.10	1.60	0.03	33.07
河南省	4.92	6604.00	1.53	0.09	37.33
湖北省	2.97	6897.90	1.62	1.23	12.65
湖南省	3.92	6567.10	1.18	0.83	0.48
广东省	3.52	9371.70	0.53	0.58	0.02
广西壮族自治区	3.37	5231.30	1.30	0.81	0.02
海南省	3.53	6446.00	0.74	0.80	0.00
重庆市	2.23	6480.40	1.27	0.33	4.05
四川省	2.39	6128.60	1.15	0.46	13.16
贵州省	2.46	4145.40	1.10	0.73	5.13
云南省	2.63	4722.00	1.56	1.32	6.57
西藏自治区	11.82	4904.30	1.79		15.57
陕西省	3.48	5027.90	1.52	0.66	27.19
甘肃省	3.48	3909.40	2.73	0.64	21.04
青海省	5.24	4608.50	2.40	0.12	17.17
宁夏回族自治区	4.07	5410.00	3.47	0.33	16.03
新疆维吾尔自治区	2.40	5442.20	5.73	0.08	21.63
2012 年					
北京市	5.69	16475.70	0.50	0.13	18.46

地　　区	亩均农业机械总动力	农村居民家庭人均纯收入	农村居民家庭经营耕地面积	农村居民家庭经营山地面积	小麦播种面积占粮食作物播种面积比重
天津市	7.91	14025.50	1.58	0.00	23.62
河北省	8.01	8081.40	1.89	0.10	27.44
山西省	5.35	6356.60	2.50	0.19	18.09
内蒙古自治区	3.06	7611.30	10.40	0.08	8.52
辽宁省	4.00	9383.70	3.78	0.38	0.16
吉林省	3.20	8598.20	8.27	0.14	0.06
黑龙江省	2.48	8603.80	13.56	0.09	1.72
上海市	1.94	17803.70	0.26	0.00	14.60
江苏省	3.67	12202.00	1.25	0.01	27.87
浙江省	7.14	14551.90	0.54	1.12	3.21
安徽省	4.39	7160.50	1.89	0.26	26.93
福建省	3.79	9967.20	0.73	0.98	0.11
江西省	5.55	7829.40	1.57	1.29	0.21
山东省	7.62	9446.50	1.64	0.03	33.37
河南省	5.08	7524.90	1.62	0.08	37.44
湖北省	3.17	7851.70	1.71	1.41	13.19
湖南省	4.06	7440.20	1.22	0.82	0.41
广东省	3.60	10542.80	0.53	0.60	0.02
广西壮族自治区	3.50	6007.50	1.37	0.83	0.02
海南省	3.74	7408.00	0.73	0.81	0.00
重庆市	2.23	7383.30	1.29	0.32	3.61
四川省	2.55	7001.40	1.14	0.44	12.78
贵州省	2.71	4753.00	1.18	0.57	5.01
云南省	2.77	5416.50	1.60	1.28	6.39
西藏自治区	12.71	5719.40	1.89	0.00	15.47
陕西省	3.70	5762.50	1.52	0.56	26.60
甘肃省	3.71	4506.70	2.72	0.60	20.34
青海省	5.23	5364.40	1.83	0.09	17.00
宁夏回族自治区	4.23	6180.30	3.69	0.32	14.42
新疆维吾尔自治区	2.56	6393.70	5.76	0.09	21.10

附表 B6　2007～2012 年全国 31 省（市、自治区）农业机械化影响因素指标数据（二）

地　区	稻谷播种面积占粮食作物播种面积比重	玉米播种面积占粮食作物播种面积比重	户均人口数	农村劳动力转移率	亩均地方财政农林水事务支出
2007 年					
北京市	0.18	47.11	2.88	80.36	23165.32
天津市	3.31	37.37	3.20	58.12	4117.22
河北省	0.98	33.08	3.73	48.04	862.70
山西省	0.04	34.78	3.64	40.33	1542.78
内蒙古自治区	1.18	29.76	3.70	22.85	1069.98
辽宁省	17.84	53.96	3.31	42.00	2192.30
吉林省	13.55	57.72	3.69	29.77	1079.69
黑龙江省	18.94	32.64	3.73	28.89	594.03
上海市	27.92	1.00	3.50	76.33	10682.78
江苏省	30.08	5.28	3.36	65.06	1742.59
浙江省	38.75	0.96	3.07	70.32	3847.89
安徽省	24.91	8.02	3.87	45.31	779.47
福建省	39.64	1.58	3.89	51.91	1870.83
江西省	60.90	0.30	4.09	46.53	1316.40
山东省	1.22	26.61	3.39	49.45	1013.32
河南省	4.26	19.73	3.95	39.56	721.71
湖北省	28.15	6.21	3.87	48.41	1209.77
湖南省	52.73	2.98	3.65	37.55	1135.84
广东省	44.44	3.04	4.18	52.64	2636.23
广西壮族自治区	38.01	8.77	4.15	33.90	1070.36
海南省	39.55	2.33	4.64	25.77	2029.20
重庆市	20.80	14.47	3.36	49.26	1190.35
四川省	21.95	14.34	3.48	43.27	1262.09
贵州省	15.15	16.38	4.08	39.27	1307.04
云南省	17.07	22.10	4.02	20.62	1466.20
西藏自治区	0.43	1.42	5.41	22.02	11537.58
陕西省	2.85	28.53	3.94	35.79	1649.71
甘肃省	0.14	13.09	4.46	32.33	1502.88
青海省	0.00	0.45	4.48	36.72	3776.68
宁夏回族自治区	6.47	17.31	4.22	35.82	1564.37

地　区	稻谷播种面积占粮食作物播种面积比重	玉米播种面积占粮食作物播种面积比重	户均人口数	农村劳动力转移率	亩均地方财政农林水事务支出
新疆维吾尔自治区	1.69	12.61	4.35	16.67	1561.40
2008 年					
北京市	0.14	45.40	2.88	80.76	25209.61
天津市	3.37	35.80	3.17	59.07	5757.22
河北省	0.94	32.61	3.72	48.94	1162.23
山西省	0.03	36.99	3.60	40.66	1962.35
内蒙古自治区	1.43	34.11	3.68	23.48	1561.72
辽宁省	17.73	50.72	3.30	43.14	2678.21
吉林省	13.18	58.47	3.66	30.98	1431.71
黑龙江省	19.78	29.73	3.72	29.84	817.04
上海市	27.96	0.92	3.51	77.49	13555.10
江苏省	29.73	5.31	3.36	66.27	2451.40
浙江省	37.77	1.04	3.06	71.08	4764.69
安徽省	24.72	7.85	3.86	47.16	1015.61
福建省	38.78	1.67	3.84	53.12	2414.58
江西省	61.07	0.29	4.07	47.97	1838.60
山东省	1.21	26.70	3.38	49.56	1457.33
河南省	4.27	19.93	3.94	41.61	987.65
湖北省	27.12	6.44	3.87	52.10	1614.07
湖南省	52.04	3.19	3.65	38.41	1556.40
广东省	44.20	3.26	4.16	53.77	2915.33
广西壮族自治区	37.21	8.60	4.14	33.45	1631.67
海南省	38.24	2.14	4.62	26.79	4557.06
重庆市	20.95	14.17	3.32	51.00	1590.84
四川省	21.57	14.02	3.45	44.22	1713.55
贵州省	14.96	15.90	4.06	40.09	1756.49
云南省	16.80	21.89	3.98	21.47	1956.90
西藏自治区	0.42	1.70	5.35	23.28	17772.69
陕西省	2.99	27.79	3.93	37.77	2341.15
甘肃省	0.14	14.40	4.44	33.97	1849.76
青海省	0.00	0.40	4.43	37.75	5508.50

地　区	稻谷播种面积占粮食作物播种面积比重	玉米播种面积占粮食作物播种面积比重	户均人口数	农村劳动力转移率	亩均地方财政农林水事务支出
宁夏回族自治区	6.64	17.24	4.21	39.19	2491.08
新疆维吾尔自治区	1.58	13.05	4.36	17.69	2127.19
2009 年					
北京市	0.12	47.09	2.81	82.03	29573.40
天津市	3.52	36.45	3.14	60.51	9327.77
河北省	0.98	33.98	3.69	49.99	2033.05
山西省	0.03	39.31	3.54	41.62	3583.65
内蒙古自治区	1.47	35.38	3.66	24.86	2139.78
辽宁省	16.76	50.12	3.28	43.97	4094.61
吉林省	13.01	58.24	3.65	31.44	2684.37
黑龙江省	20.29	33.06	3.70	30.06	1057.62
上海市	27.39	1.05	3.50	77.86	18086.94
江苏省	29.55	5.29	3.36	67.15	3557.04
浙江省	37.48	1.08	3.05	71.85	6283.43
安徽省	24.87	8.09	3.83	48.70	1912.39
福建省	38.29	1.68	3.82	54.46	3569.22
江西省	61.05	0.30	4.05	49.75	2522.27
山东省	1.25	27.07	3.38	50.27	2284.50
河南省	4.31	20.42	3.95	43.58	1699.88
湖北省	27.17	6.74	3.84	54.52	2257.68
湖南省	50.47	3.52	3.63	39.61	2296.87
广东省	43.78	3.72	4.10	54.79	4158.59
广西壮族自治区	36.47	9.18	4.11	33.92	2411.28
海南省	38.31	2.26	4.55	26.32	6677.84
重庆市	20.62	13.88	3.28	52.92	2527.38
四川省	21.39	14.08	3.43	45.43	2270.58
贵州省	14.61	15.72	4.01	40.57	2846.59
云南省	16.39	21.35	3.96	22.43	2808.81
西藏自治区	0.43	1.71	5.17	23.61	24024.05
陕西省	3.02	28.02	3.91	40.25	3542.20

续附表 B6

地　区	稻谷播种面积占粮食作物播种面积比重	玉米播种面积占粮食作物播种面积比重	户均人口数	农村劳动力转移率	亩均地方财政农林水事务支出
甘肃省	0.14	16.70	4.40	33.74	2690.44
青海省	0.00	1.02	4.37	38.59	7502.51
宁夏回族自治区	6.38	17.53	4.12	41.59	3732.60
新疆维吾尔自治区	1.55	12.83	4.28	18.59	2812.86
2010 年					
北京市	0.09	47.20	2.73	82.71	33334.38
天津市	3.44	36.78	3.13	61.50	9745.90
河北省	0.91	34.51	3.65	51.01	2390.81
山西省	0.03	41.15	3.45	42.51	3572.69
内蒙古自治区	1.32	35.50	3.60	24.87	2675.22
辽宁省	16.63	51.38	3.22	45.09	4729.37
吉林省	12.90	58.35	3.59	31.61	3050.77
黑龙江省	22.78	35.94	3.68	31.53	1853.98
上海市	27.04	1.10	2.68	81.95	25244.67
江苏省	29.32	5.30	3.35	67.80	4279.85
浙江省	37.15	1.10	3.04	73.26	7791.04
安徽省	24.80	8.41	3.77	50.52	2154.04
福建省	37.64	1.77	3.78	55.31	4707.40
江西省	60.80	0.33	4.01	51.66	2838.07
山东省	1.19	27.32	3.34	50.92	2871.58
河南省	4.41	20.68	3.94	45.09	1867.73
湖北省	25.48	6.64	3.80	58.22	2546.11
湖南省	49.06	3.57	3.62	40.50	2618.02
广东省	43.16	3.59	4.03	57.13	4789.03
广西壮族自治区	35.52	9.13	4.08	34.78	2942.36
海南省	38.90	2.52	4.51	27.86	7011.06
重庆市	20.36	13.75	3.25	54.61	3158.91
四川省	21.15	14.30	3.40	46.30	2825.69
贵州省	14.23	15.98	4.01	42.83	3364.74
云南省	15.86	22.02	3.92	23.88	3388.67
西藏自治区	0.41	1.76	5.06	24.91	24733.20

地　区	稻谷播种面积占粮食作物播种面积比重	玉米播种面积占粮食作物播种面积比重	户均人口数	农村劳动力转移率	亩均地方财政农林水事务支出
陕西省	2.91	28.25	3.88	42.12	4255.23
甘肃省	0.15	20.91	4.34	34.93	3275.11
青海省	0.00	2.25	4.32	39.00	8471.53
宁夏回族自治区	6.66	17.90	4.04	42.63	5034.22
新疆维吾尔自治区	1.41	13.74	4.21	19.18	3089.12
2011 年					
北京市	0.08	46.44	2.71	82.84	41276.14
天津市	3.04	36.11	3.13	62.17	13074.63
河北省	0.95	34.60	3.64	52.29	2781.80
山西省	0.03	43.36	3.17	43.04	4238.84
内蒙古自治区	1.27	37.55	3.49	25.94	3672.63
辽宁省	15.91	51.49	3.22	45.74	5293.86
吉林省	13.24	60.02	3.55	31.84	3262.53
黑龙江省	24.10	37.53	3.66	31.49	1941.60
上海市	26.48	1.05	2.61	82.27	26881.00
江苏省	29.34	5.41	3.35	69.02	5377.44
浙江省	36.33	1.26	3.04	73.99	10105.94
安徽省	24.72	9.07	3.75	51.61	2599.82
福建省	36.98	1.86	3.75	56.24	6063.23
江西省	60.47	0.47	4.02	52.41	3499.19
山东省	1.15	27.57	3.34	51.48	3460.51
河南省	4.47	21.22	3.93	45.93	2246.50
湖北省	25.42	6.86	3.79	59.80	3131.50
湖南省	48.40	3.89	3.59	41.18	3128.31
广东省	42.45	3.79	4.04	59.93	6129.15
广西壮族自治区	34.66	9.44	4.06	35.75	3500.50
海南省	38.00	2.81	4.40	28.55	8399.83
重庆市	20.11	13.68	3.22	55.91	3885.24
四川省	20.99	14.25	3.39	47.16	3803.23
贵州省	13.57	15.69	3.95	44.91	3697.24
云南省	16.10	21.13	3.89	24.86	4097.51

地　区	稻谷播种面积占粮食作物播种面积比重	玉米播种面积占粮食作物播种面积比重	户均人口数	农村劳动力转移率	亩均地方财政农林水事务支出
西藏自治区	0.41	1.72	4.88	27.13	34939.04
陕西省	2.89	28.17	3.85	44.02	5322.28
甘肃省	0.00	20.48	4.31	36.12	3869.34
青海省	0.00	3.74	4.23	41.82	12748.37
宁夏回族自治区	6.66	18.34	3.96	43.30	5934.14
新疆维吾尔自治区	1.42	14.61	4.17	19.91	3981.03
2012 年					
北京市	0.07	46.70	2.71	83.52	52513.18
天津市	3.05	37.44	3.12	63.09	14055.16
河北省	0.98	34.72	3.63	53.04	3367.73
山西省	0.03	43.83	3.05	43.69	5420.49
内蒙古自治区	1.25	39.61	3.44	25.52	4201.21
辽宁省	15.72	52.41	3.21	45.80	6412.75
吉林省	13.19	61.79	3.55	32.96	3653.71
黑龙江省	25.09	42.42	3.64	32.49	2344.75
上海市	27.09	0.98	2.58	76.06	37460.58
江苏省	29.46	5.47	3.36	69.63	6570.25
浙江省	35.82	2.67	3.07	74.66	11708.89
安徽省	24.70	9.17	3.72	52.31	3199.47
福建省	36.57	2.00	3.73	56.80	7192.43
江西省	60.24	0.51	4.01	53.97	4642.85
山东省	1.14	27.77	3.34	52.28	4133.75
河南省	4.54	21.74	3.93	46.76	2578.99
湖北省	24.98	7.34	3.79	60.81	3457.74
湖南省	48.11	4.02	3.59	41.91	3506.79
广东省	42.11	3.73	4.03	60.75	7769.71
广西壮族自治区	33.83	9.54	4.00	35.55	4045.08
海南省	37.96	3.22	4.42	28.99	9643.05
重庆市	19.75	13.47	3.18	57.02	4914.18
四川省	20.69	14.20	3.37	47.62	4521.41
贵州省	13.18	14.96	3.89	47.19	4654.70

地　区	稻谷播种面积占粮食作物播种面积比重	玉米播种面积占粮食作物播种面积比重	户均人口数	农村劳动力转移率	亩均地方财政农林水事务支出
云南省	15.65	21.05	3.84	25.97	4995.85
西藏自治区	0.40	1.78	4.80	28.02	38975.20
陕西省	2.91	27.54	3.82	45.05	5921.39
甘肃省	0.14	22.02	4.29	37.83	4916.78
青海省	0.00	4.14	4.20	43.42	16156.33
宁夏回族自治区	6.79	19.81	3.89	43.78	7508.98
新疆维吾尔自治区	1.35	16.70	4.15	20.38	4754.06

附录 C 其他技术经济技术指标数据

附表 C1 2012 年全国 31 省（市、自治区）民生质量评价指标数据（一）

地 区	城镇居民人均可支配收入	农村居民家庭人均纯收入	居民消费水平	城镇居民家庭人均文教娱乐服务消费支出	农村居民家庭平均每人文教娱乐消费支出	城镇单位就业人员平均工资	城镇登记失业率	城镇职工基本医疗保险年末参保覆盖率
最优指标集	40188.30	17803.70	36893	3723.70	1184.2	84742.0	1.3	71.7
北京市	36468.80	16475.70	30350	3696.00	1152.70	84742	1.3	41.6
天津市	29626.40	14025.50	22984	2254.20	766.1	61514	3.6	26.6
河北省	20543.40	8081.40	10749	1203.80	358.5	38658	3.7	33.6
山西省	20411.70	6356.60	10829	1506.20	498	44236	3.3	31.6
内蒙古自治区	23150.30	7611.30	15196	1971.80	514	46557	3.7	55.1
辽宁省	23222.70	9383.70	17999	1843.90	556.6	41858	3.6	38.6
吉林省	20208.00	8598.20	12276	1642.70	606.3	38407	3.7	39.8
黑龙江省	17759.80	8603.80	11601	1216.60	518	36406	4.2	64.7
上海市	40188.30	17803.70	36893	3723.70	952.1	78673	3.1	43.2
江苏省	29677.00	12202.00	19452	3077.80	1184.20	50639	3.1	48.3
浙江省	34550.30	14551.90	22845	2996.60	902.2	50197	3	24.6
安徽省	21024.20	7160.50	10978	1932.70	385.9	44601	3.7	29.8
福建省	28055.20	9967.20	16144	2104.80	565.8	44525	3.6	25.6
江西省	19860.40	7829.40	10573	1487.30	342.7	38512	3	34.1
山东省	25755.20	9446.50	15095	1655.90	501	41904	3.3	27.1
河南省	20442.60	7524.90	10380	1525.30	343.8	37338	3.1	29.8
湖北省	20839.60	7851.70	12283	1651.90	394.6	39846	3.8	25.8
湖南省	21318.80	7440.20	11740	1737.60	400.2	38971	4.2	47.2
广东省	30226.70	10542.80	21823	2954.10	466.6	50278	2.5	22.4
广西壮族自治区	21242.80	6007.50	10519	1626.10	270.2	36386	3.4	44.9
海南省	20917.70	7408.00	10634	1319.50	254	39485	2	29.6
重庆市	22968.10	7383.30	13655	1470.60	394.2	44498	3.3	35.3
四川省	20307.00	7001.40	11280	1587.40	329.3	42339	4	25.9
贵州省	18700.50	4753.00	8372	1396.00	226.4	41156	3.3	24.7
云南省	21074.50	5416.50	9782	1434.30	289.2	37629	4	39.4
西藏自治区	18028.30	5719.40	5340	550.5	40.9	51705	2.6	29.2
陕西省	20733.90	5762.50	11852	2078.50	445.5	43073	3.2	29.3
甘肃省	17156.90	4506.70	8542	1388.20	327.3	37679	2.7	31.7
青海省	17566.30	5364.40	10289	1097.20	283.3	46483	3.4	32.5
宁夏回族自治区	19831.40	6180.30	12120	1515.90	373.4	47436	4.2	47.8
新疆维吾尔自治区	17920.70	6393.70	10675	1280.80	261.7	44576	3.4	86.8

附表 C2 2012 年全国 31 省（市、自治区）民生质量评价指标数据（二）

地 区	城镇职工养老保险覆盖率	新型农村社会养老保险试点参保覆盖率	城镇失业保险覆盖率	农村居民人均住房面积	城镇人均住宅建筑面积	房价收入比	居住类城市居民消费价格指数	教育支出占地方财政预算支出的比重	高校在校生数
最优指标集	67.6	85.7	56.43	62.1	34.80	5.0	100.8	22.22	5534
北京市	67.6	62.2	56.43	38.2	32.86	14.5	103.9	17.06	5534
天津市	42.6	32.2	23.32	30.3	24.97	8.4	100.9	17.67	4358
河北省	33.0	58.8	14.71	35	26.04	6.7	101.7	21.22	2063
山西省	35.0	52.5	21.12	30.6	24.79	6.1	102.7	20.22	2351
内蒙古自治区	32.8	26.9	16.19	24.9	22.96	5	102.4	12.84	2042
辽宁省	55.9	48.0	22.93	29.3	21.96	6.3	102.8	15.99	2811
吉林省	42.8	30.4	17.03	24.7	22.46	6.2	101.8	18.25	2889
黑龙江省	46.4	16.7	21.82	24.8	22.03	7.4	103.9	17.18	2441
上海市	66.6	30.2	29.04	60.4	33.07	12.1	102.8	15.51	3481
江苏省	48.6	68.5	26.70	50.8	27.95	6.7	102.4	19.22	2786
浙江省	63.1	39.5	30.79	62.1	34.8	9.5	101.6	21.09	2288
安徽省	28.2	66.1	14.45	35.3	22.56	6.8	101	18.13	2101
福建省	33.9	49.2	20.55	50.8	32.28	9.1	101.6	21.56	2301
江西省	33.1	53.3	12.72	46.9	25.58	7.3	102.7	20.60	2295
山东省	40.6	75.0	19.89	38.4	26.47	5.5	101.8	22.22	2238
河南省	31.8	59.3	18.15	37.9	23.4	5.6	102.5	22.10	2012
湖北省	37.9	60.7	16.45	45	24.99	6.9	102.3	19.48	3078
湖南省	33.8	59.0	14.53	46.5	26	5.5	101.7	19.61	2087
广东省	56.5	22.9	28.13	31.7	26.47	8.4	101.8	20.32	2082
广西壮族自治区	25.2	29.5	11.94	36	25.23	5.9	103.7	19.74	1834
海南省	46.9	44.0	30.53	25.2	24.18	12.3	101.7	17.42	2218
重庆市	42.7	85.7	19.28	41.1	30.68	6.8	102.5	15.48	2734
四川省	45.9	32.3	16.65	37.9	27.48	7.4	100.8	18.22	2037
贵州省	24.4	37.0	13.67	29.6	20.4	5.9	101.4	18.16	1392
云南省	19.9	42.6	12.27	31.7	28.59	5.9	102.2	18.89	1566
西藏自治区	19.0	50.9	15.14	28.8	20.86		101.4	10.44	1508
陕西省	34.3	64.8	18.07	36.9	23.4	7.1	102.2	21.16	3525
甘肃省	27.8	48.5	16.37	24.1	23.28	6.4	101.8	17.86	2145
青海省	31.6	57.8	13.93	29.7	22	6.6	105	14.82	1133
宁夏回族自治区	40.0	54.5	21.49	25.9	23.9	5.9	100.8	12.32	2107
新疆维吾尔自治区	46.7	39.3	27.88	27.2	22.22	6.5	102.8	17.42	1596

附表 C3 2012 年全国 31 省（市、自治区）民生质量评价指标数据（三）

地 区	普通高校生师比	每万人卫生技术人员数	每万人医疗卫生机构床位数	新型农村合作医疗人均筹资	医疗卫生支出占地方财政预算支出的比重	建成区绿化覆盖率	生活垃圾无害化处理率	森林覆盖率	单位GDP废水排放量	单位GDP二氧化硫排放量	单位GDP烟（粉）尘排放量
最优指标集	14.74	142	47.38	1232.5	8.51	46.2	99.9	63.1	6.4	5.2	3.7
北京市	16.7	142	10.02	707.3	6.95	46.2	99.1	31.7	7.8	5.2	3.7
天津市	17.29	73	5.35	560	4.94	34.9	99.8	8.2	6.4	17.4	6.5
河北省	17.65	41	28.44	294.7	7.92	41	81.4	22.3	11.5	50.5	46.5
山西省	18.01	55	16.53	294.1	6.54	38.6	80.3	14.1	11.1	107.5	88.4
内蒙古自治区	17.59	53	11.08	308.3	5.19	36.2	91.2	20	6.4	87.2	52.5
辽宁省	17.17	55	23.1	295.5	4.39	40.2	87.2	35.1	9.6	42.6	29.2
吉林省	17.2	51	12.78	290.5	6.49	33.9	45.8	38.9	10.0	33.8	22.2
黑龙江省	16.19	51	17.82	295.3	5.47	36	47.6	42.4	11.9	37.6	51.1
上海市	16.93	99	10.98	1232.50	4.72	38.3	83.6	9.4	10.9	11.3	4.3
江苏省	15.45	47	33.31	327.8	5.95	42.2	95.9	10.5	11.1	18.3	8.2
浙江省	17.05	64	21.33	480.4	7.35	39.9	99	57.4	12.1	18.1	7.3
安徽省	18.74	32	22.23	294.9	8.06	38.8	91.1	26.1	14.8	30.2	26.8
福建省	17.2	45	13.93	298.8	7.13	42	96.4	63.1	13.0	18.8	12.8
江西省	17.37	35	16.37	294.2	7.26	46	89.1	58.3	15.5	43.8	27.6
山东省	17.08	50	47.38	307.2	7.16	42.1	98.1	16.7	9.6	35.0	13.9
河南省	17.64	36	39.4	293.4	8.51	36.9	86.4	20.2	13.6	43.1	20.3
湖北省	17.76	43	25.3	298	7.13	38.9	71.5	31.1	13.0	28.0	15.7
湖南省	18.64	40	28.7	291.6	7.14	37	95	44.8	13.7	29.1	15.4
广东省	18.82	56	35.53	271.7	6.84	41.2	79.1	49.4	14.7	14.0	5.8
广西壮族自治区	17.8	38	16.87	292.8	8.48	37.5	98	52.7	18.8	38.7	23.0
海南省	19.34	48	3.03	300.1	6.57	41.2	99.9	52	13.0	12.0	5.8
重庆市	17.53	36	13.08	296.4	5.50	42.9	99.3	34.9	11.6	49.5	16.0
四川省	18.36	39	39.01	295.9	7.78	38.7	88.3	34.3	11.9	36.2	12.4

续附表 C3

地 区	普通高校生师比	每万人卫生技术人员数	每万人医疗卫生机构床位数	新型农村合作医疗人均筹资	医疗卫生支出占地方财政预算支出的比重	建成区绿化覆盖率	生活垃圾无害化处理率	森林覆盖率	单位GDP废水排放量	单位GDP二氧化硫排放量	单位GDP烟（粉）尘排放量
贵州省	18.19	27	13.92	291.5	7.30	32.8	91.9	31.6	13.3	151.9	43.0
云南省	18.5	33	19.47	295.8	7.47	39.3	82.7	47.5	14.9	65.2	37.9
西藏自治区	16.17	36	0.84	324	3.99	32.4		11.9	6.7	6.0	9.4
陕西省	18.19	50	16.92	311.9	6.69	40.4	88.5	37.3	8.9	58.4	32.0
甘肃省	18.99	39	11.23	292.6	7.20	30	41.7	10.4	11.1	101.3	36.7
青海省	14.74	49	2.6	408.3	5.19	32.5	89.2	4.6	11.6	81.3	82.6
宁夏回族自治区	17.43	49	2.78	385.1	5.33	38.4	70.6	9.8	16.6	173.7	84.7
新疆维吾尔自治区	16.87	59	13.16	315.1	5.36	35.9	78.7	4	12.5	106.1	92.8